未读 | 探索家 |

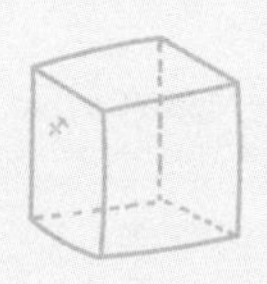

给忙碌青少年讲数学之美

发现数字与生活的神奇关联

[英]《新科学家》杂志 编著

丁璐 吴宏途 译

天津出版传媒集团

天津科学技术出版社

著作权合同登记号：图字 02-2020-386

图书在版编目（CIP）数据

给忙碌青少年讲数学之美：发现数字与生活的神奇关联 / 英国《新科学家》杂志编著；丁璐，吴宏途译. -- 天津：天津科学技术出版社，2021.5

书名原文：How numbers work

ISBN 978-7-5576-8972-8

Ⅰ.①给… Ⅱ.①英… ②丁… ③吴… Ⅲ.①数学 - 青少年读物 Ⅳ.①O1-49

中国版本图书馆CIP数据核字(2021)第062794号

给忙碌青少年讲数学之美：发现数字与生活的神奇关联

GEI MANGLU QINGSHAONIAN JIANG SHUXUE ZHI MEI: FAXIAN SHUZI YU SHENGHUO DE SHENQI GUANLIAN

选题策划：联合天际

责任编辑：布亚楠

出　　版：天津出版传媒集团
　　　　　天津科学技术出版社

地　　址：天津市西康路35号

邮　　编：300051

电　　话：（022）23332695

网　　址：www.tjkjcbs.com.cn

发　　行：未读（天津）文化传媒有限公司

印　　刷：三河市冀华印务有限公司

关注未读好书

未读 CLUB
会员服务平台

开本 710 × 1000　1/16　印张 11.75　字数 147 000

2021年5月第1版第1次印刷

定价：58.00元

本书若有质量问题，请与本公司图书销售中心联系调换
电话：(010) 52435752

系列介绍

关于有些主题，我们每个人都希望了解更多，对此，《新科学家》（*New Scientist*）的这一系列书籍能给我们以启发和引导，这些主题具有挑战性，涉及探究性思维，为我们打开深入理解周围世界的大门。好奇的读者想知道事物的运作方式和原因，毫无疑问，这系列书籍将是很好的切入点，既有权威性，又浅显易懂。请大家关注本系列中的其他书籍：

《给忙碌青少年讲太空漫游：从太阳中心到未知边缘》

《给忙碌青少年讲人工智能：会思考的机器和 AI 时代》

《给忙碌青少年讲生命进化：从达尔文进化论到当代基因科学》

《给忙碌青少年讲脑科学：破解人类意识之谜》

《给忙碌青少年讲粒子物理：揭开万物存在的奥秘》

《给忙碌青少年讲地球科学：重新认识生命家园》

《给忙碌青少年讲人类起源：700 万年人类进化简史》

撰稿人

编辑：理查德·韦伯，《新科学家》的首席专题编辑

“即时专家”系列编辑：艾莉森·乔治

“即时专家”编辑：杰里米·韦伯

特约撰稿人

理查德·埃尔维斯撰写了“无穷大”一章的部分内容和第 8 章中“世界运行的算法”的内容。他是一名作家、教师和数学研究员，也是英国利兹大学的客座研究员。他的新书是《混沌的鱼塘和镜像宇宙》(2013 年)。

维姬·尼尔写了第 4 章中的“孪生素数猜想”。她是英国牛津大学数学学院和贝利奥尔学院的怀特海讲师，并著有《弥合差距：理解素数的愿望》(2017 年)。

雷吉娜·努佐写了第 6 章中关于“频率论概率和贝叶斯概率”一节。她是华盛顿加洛德大学的作家、统计学家和教授。

伊恩·斯图尔特写了第 2 章中关于“空集”的一节，第 8 章关于选举的数学，以及结论章节中关于“什么使数学变得特别”的内容。他是英国华威大学的名誉教授，也是许多数学书籍的作者，最新的著作是《计算宇宙》(2017 年)。

同时也要感谢以下作家和编辑：

吉利德·阿米特、阿尼尔·安纳塔斯瓦米、雅各布·阿隆、迈克尔·布鲁克斯、马修·查默斯、凯瑟琳·德·兰格、玛丽安·弗雷伯格、阿曼达·杰夫特、丽莎·格罗斯曼、埃里卡·克拉里希、达娜·麦肯齐、史蒂芬·奥恩斯、蒂莫西·雷维尔、布鲁斯·谢克特、瑞秋·托马斯和海伦·汤姆森。

前言

2014 年，伊朗人玛丽安・米尔札哈尼成为第一位获得数学最高荣誉菲尔兹奖的女性。在她看来，数学常常让人感觉像是“迷失在丛林中，你必须利用所有你可以找到的知识去寻找新的技巧”。“再加上一些运气，”她补充说，“你也许可以找到一条出路。”

2017 年 7 月，年仅 40 岁的米尔札哈尼去世。她比大多数人更深入地涉足数学丛林。这本书正是为那些徘徊在外围想要了解这门学科的人准备的。

不管愿不愿意，我们大多数人都已经对数学领域有了一些了解。这里有符号、方程和几何图形，也有存在正确答案的问题、看似普适的真理以及逻辑上无懈可击的证明。最重要的是，这里都有数字。

但是，它们是如何联系在一起的呢？是什么使得数字和数学变得如此特别——并且，其中的一些数字和数学显得更为特别呢？这是一个十分宽泛的主题，很难给出一个全面的概述。但是，我们希望通过借鉴顶尖研究人员和《新科学家》最出色的思想勾勒出一幅图景。

在简要介绍数学性质和涉及的范围之后，我们从数学开始的地方——数字的迷人性质谈起。我们先来了解零、无穷、素数和不可忽视的古怪数，如“超越数”e、π 和虚数单位 i。在对概率和统计问题简要介绍后，我们来到现代数学方法的前沿，举例说明如何将其应用到生活中某些意想不到的领域，最后再考虑所有问题中最深层次的问题：数学到底是如何与现实关联的？

对于许多局外人而言，数学的奇妙之处在于，它似乎是一种帮助我们更好地了解世界的通用语言。许多从事数学研究的工作者都会同意这种说法，但是他们补充说，它的美在于如何从简单开始，仅使用最纯粹的抽象逻辑就可以建造一个似乎超越我们自己的世界。

米尔札哈尼研究了模空间的几何，模空间可以被设想为一个宇宙，在它上面的每一个点本身也是一个宇宙。她描述了光束在二维宇宙中以闭环形式传播的方式——这个答案你不可能在你所在的宇宙中找到，只能通过进入整个多重宇宙中才能找到。

这是我们大多数人无法想象的。但是，我希望本书能为你提供一次满意的数学发现之旅，至少是一个入门指南。

目录

1
数学是什么

数学是由什么构成的？它是一项发明还是发现？它对我们来说是与生俱来的，还是后天习得的？谈到数学的本质，仍有许多问题有待解决……

数学的支柱

对于我们大多数人来说，数学意味着数字。对数字的使用无疑是人类数学之旅的起点。除此之外，我们在此基础上还建立起了令人敬畏的、更为广泛的数学大厦。

众所周知，算术是加法、减法、除法、乘法等运算。6000 年前，我们最先发展起来抽象地理解和使用数字的能力，然而，直到 19 世纪中叶，随着集合论的发展，算术运算严谨的逻辑规则才被设计出来。

你将在第 2 章和第 3 章中了解到集合论中关于零和无穷大理论的发展历程，在第 4 章和第 5 章中了解数字本身，其中涉及素数、数字系统的基本单位以及其他特别有趣的数字，如 π 、ϕ 、e 和 i 等。

从 17 世纪开始发展的概率论以算术规则为基础，创建了自己的一套法则，以处理我们周围无处不在的偶然和不确定性事件。它最初应用于偶然性博弈，20 世纪，随着统计方法在大数据分析中的应用以及量子理论的发展，概率论被赋予了新的意义。这表明现实本身也是由偶然性决定的。

第 6 章的主题是概率论和统计学，第 9 章将讨论数字与现实之间的关系，在那里，你将会找到更多概率论与量子理论的联系。

除了关于数字的理论外，“高等”数学还有三大重要支柱：

1. **几何学**：它可能是人们最熟悉的。它从空间开始：形式几何学讨论空间中物体位置相互联系的规则，例如，三个物体形成一个三角形。但它是对物体的静态描述。

2. **分析学**：高等数学的第二大支柱。它用来分析随时间移动而变化的物体。值得注意的是，它包括由积分和微分构成的微积分学，以及与该主题相关的许多复杂的变分原理。

3. **代数学**：它使我们可以用数字、符号和方程式表示知识并运用它们，因此，它是高等数学最广泛的支柱。它涵盖了许多深奥的主题，例如群论（群的研究，其中群是满足某些性质的元素集合）、图论（研究物体如何相互连接，例如互联网上的计算机或大脑中的神经元）和拓扑学（研究能够连续变形的图形的数学，其中这种变形不会破坏图形）。

尽管每一个庞大的主题都值得用一本书的体量来书写，但是通过此书，你可以完整地领会到这些主题所给出的见解与发现的问题。特别是在第 7 章和第 8 章中，你可以了解数学中尚未解决的重大问题以及数学在日常生活中的应用。

不过，在此之前，让我们先来看看数学最困难的一个哲学问题：数学的一切从何而来?

数学：是发明还是发现?

每当我们奔跑着去接球或在繁忙的交通中飞奔时，我们都会无意识地用到数学。我们可以感知的是，自然界是复杂且不可预测的，包括栖息地的改变、捕食者的袭击和食物耗尽等情况。一个生命体能否生存，有赖于它对周围环境的理解能力，无论是通过倒计时计算出天黑的时长、通过三角分析找出脱离危险的最快途径，还是评估最有可能有食物的地方，这些都是在使用数学：使用数字、三角学和微积分评估位置和运动以及权衡各种可能性。

这显示出了一个既深刻又难以证实的真理：现实在某种意义上是数学的。伦敦大学的计算神经学家和物理学家卡尔·弗里斯顿注意到，数学是简明、简洁和对称的。如果你把数学当作一种语言，那么它将轻而易举地胜过其他所有对世界的描述方式。

但我们并不是唯一具有“数学”能力的生命体。从海豚到黏液霉菌，进化树上的生物似乎都在用数学的方法分析世界，破译其模式和规律以求得生存。弗里斯顿认为，如果环境是根据数学原理展开的，那么大脑的解剖结构也必须遵循这些数学原理。

但是，人类的大脑以其看似独特的符号表征和抽象思维能力，已经比其他生命体更进一步了。我们已经让数学成为一种有意识的活动，而且这种活动在一定程度上需要学习。文化将我们的本能感知转化为一种可识别的、有意识的数学能力，其确切时刻已湮灭在时间的迷雾中，被人们所遗忘。20 世纪 70 年代，考古学家在考察南非勒邦博山脉西侧峭壁上的边境洞穴时，发现了一系列带有缺口的骨头，其中包括一块刻有“29”这样标记的狒狒腓骨。这个发现表明：大约在 4 万年前，它们似乎已经成为计数的一种辅助手段。这也是我们在表示和使用数字方面形成有意识行为最古老的证据。

公元前 4000 年左右，在底格里斯–幼发拉底河谷深厚的美索不达米亚文化中，计数和测量系统达到了新的高度。在今天被我们称作伊拉克的地方，这里第一次用一致的数字符号记录日、月和年，测量土地面积和粮食数量，甚至记录重量。当人类着手探索海洋和研究天空时，我们开始发展用于导航和跟踪天体的数字方法。

这种有意识的数学是文化发展的必然产物：一项有助于理解世界，从事诸如贸易和旅行等事情的发明。在数学工具的帮助下，我们在过去 6000 年里建立了一座巨大的数学知识金字塔。大约公元前 300 年，古希腊数学家欧几里得将几何规则规范化；大约 1000 年后，印度和阿拉伯的数学家开始创建我们今天所熟悉的数字系统，并开发了数量符号的表示和操作工具——代数学。

即使 17 世纪启蒙时代现代数学高度繁荣，这也只能在实践中促进我们对事物的理解。例如，艾萨克·牛顿和戈特弗里德·莱布尼茨的微积分让我们可以计算出地球和空间运动物体的轨迹。勒内·笛卡尔发明的坐标系提供了几何图形的代数表示。新兴的关于偶然性和概率的理论帮助我们应对不确定性和信息缺失。

但数学自那以后已经扩展到更加抽象的领域，它告诉我们一些不能仅通过观察就能理解的事情。当数学发展到这个程度时，它已经越来越不像一项发明、一个纯粹人类大脑的产物，而更像一个被揭示的真理、一个有待发现的真相。

例如，在 20 世纪初，数学家大卫·希尔伯特将传统三维空间的代数扩展为无限维代数，这似乎是一个纯粹抽象的发展，几乎没有现实的应用。但几十年后，事实证明，量子力学中粒子的状态用这样的“希尔伯特空间”来描述是最好的。对于量子力学，我们还没有直观的物理学解释，基础数学仍然是我们理解它的关键。

对于今天的许多物理学家来说，数学对现实世界的成功描述表明它在宇宙组织中扮演着主要角色。其他人不会看得这么远，他们认为我们只是发明了数学，用于满足在不同背景下使用不同方式描述世界的需要。

人们会注意到以下一系列事件。欧几里得提出的最著名的几何公理是平行线永远不会相交。但是，平行线在某些情况下是可以相交的，例如，在地球表面，所有的经线都在南北两极交汇。德国数学家伯恩哈德·黎曼等人对这种非欧几何进行了探索，发现（或发明）了一个具有丰富内容的数学分支。爱因斯坦用它来描述广义相对论。广义相对论中的大质量物体会造成时空弯曲，这种弯曲需要用黎曼几何来描述，而不是用欧几里得几何。

爱丁堡大学的认知哲学家安迪·克拉克认为，宇宙充满了各种各样的模式、规律和行为方式。任何想要构建数学的生命体都需要将数学建立在一定的法则上，这些法则用来限制他们遇到问题时所采取的行为方式。遵循这个逻辑，如果数学是一个组织原则，那么它是被我们强加在世界上的。

20 世纪 30 年代，奥地利数学家库尔特 · 哥德尔提出了一种令人意想不到但相当精确的数学理论——哥德尔不完全性定理。这个定理表明，总是存在数学自身永远无法解决的问题（见第 3 章）。这也表明，数学作为一个普遍真理，我们对它进行全面陈述还为时过早。在本书的最后，我们将重述这些思想，但这离数学家们所认为的证明还相去甚远。

我们的数学头脑

我们具有与生俱来的数学能力，可以不自觉地运用数学的方法处理遇到的困难，从而更好地生存。然而，我们是如何具有使用数字能力的呢？这是一个更有趣的问题。它是后天习得的，还是先天就具有的？

1997 年，认知心理学家斯坦尼斯·德阿纳提出人们一出生就具有数量意识，与具有颜色意识相同：进化赋予人类和其他动物“数感”，一种能够立即感知一堆物体数量的能力。三个红色弹珠会令人产生数字“3”的感觉，就像产生红色的感觉一样。

很快，越来越多的证据被收集起来，以支持这种数字能力“先天论”的观点。例如，实验表明，6 个月大的婴儿可以区分哪一组点的数目更多。其他研究表明，人类有一个内置的心理数轴，帮助我们本能地在空间上表示数字，数值从左到右递增。实验显示，其他如黑猩猩和鸡等一些动物，都可以分辨出少量的数字。

数字的发展

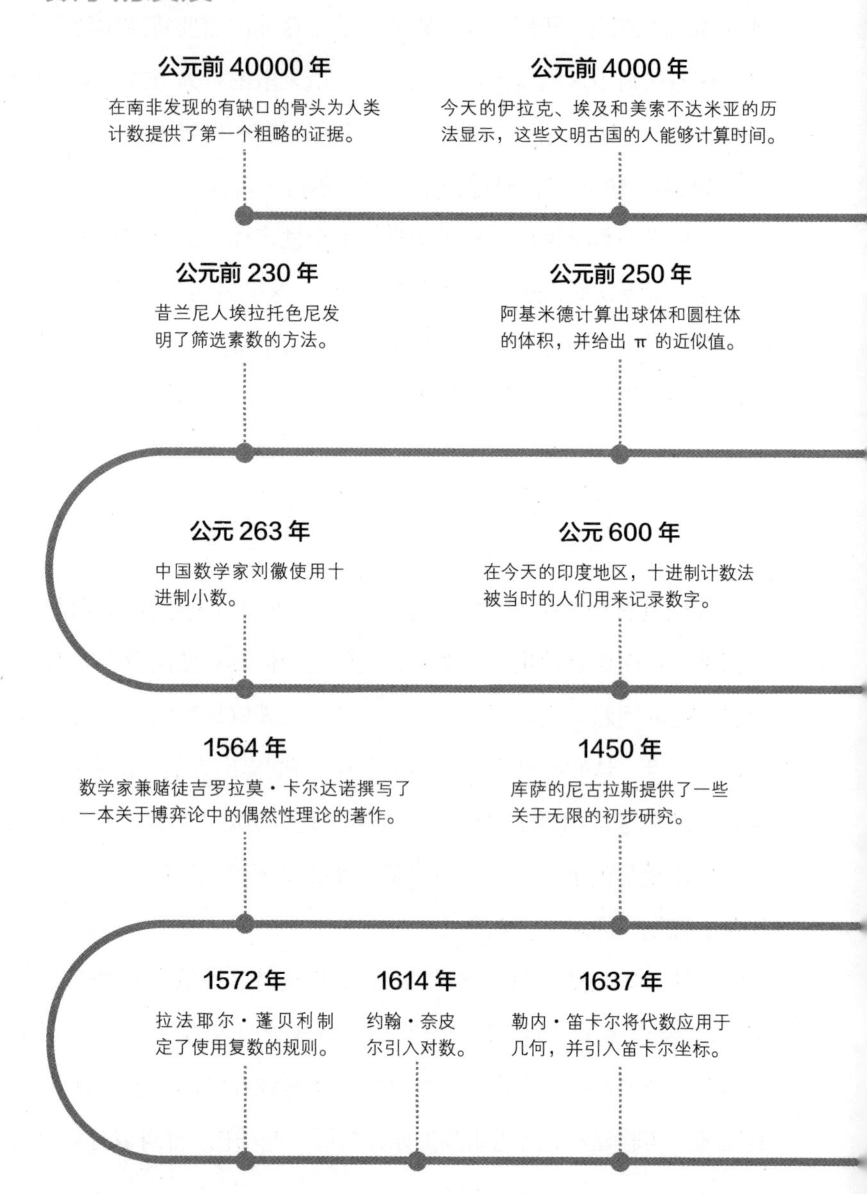

公元前 40000 年
在南非发现的有缺口的骨头为人类计数提供了第一个粗略的证据。
公元前 4000 年
今天的伊拉克、埃及和美索不达米亚的历法显示，这些文明古国的人能够计算时间。
公元前 250 年
阿基米德计算出球体和圆柱体的体积，并给出 π 的近似值。
公元前 230 年
昔兰尼人埃拉托色尼发明了筛选素数的方法。
公元 263 年
中国数学家刘徽使用十进制小数。
公元 600 年
在今天的印度地区，十进制计数法被当时的人们用来记录数字。
1450 年
库萨的尼古拉斯提供了一些关于无限的初步研究。
1564 年
数学家兼赌徒吉罗拉莫·卡尔达诺撰写了一本关于博弈论中的偶然性理论的著作。
1572 年
拉法耶尔·蓬贝利制定了使用复数的规则。
1614 年
约翰·奈皮尔引入对数。
1637 年
勒内·笛卡尔将代数应用于几何，并引入笛卡尔坐标。

公元前 3000 年

第一个可识别的数字系统出现在美索不达米亚。

公元前 1750 年

巴比伦人能够解线性方程组和二次方程组，并编制平方根表和立方根表。

公元前 300 年

欧几里得编撰《几何原本》，这是一本几何学综合入门书。

公元前 530 年

萨莫斯人毕达哥拉斯证明了以他名字命名的关于直角三角形三边长度关系的定理。

公元 628 年

印度数学家婆罗摩笈多在《婆罗摩修正体系》中引入了负数，并第一次引入数字“0”。

公元 810 年

阿拉伯数学家阿尔·花剌子模引入了“代数”一词，并将自己的名字改为“算法”（algorithm 的拉丁文译名）。

1202 年

斐波那契（比萨的列奥纳多）撰写了《计算之书》（*Liber Abaci*），向欧洲人介绍阿拉伯算术和代数。

1072 年

奥马尔·海亚姆计算出一年的长度为 365.24219858156 天——这是一个惊人的精确值。

1647 年

皮埃尔·德·费马写下了他的最后一个神秘定理——这个定理直到 1994 年才得到解决。

1664 年

费马和布莱士·帕斯卡互相通信，在通信中，他们开始勾勒概率理论中的法则。

数字的发展

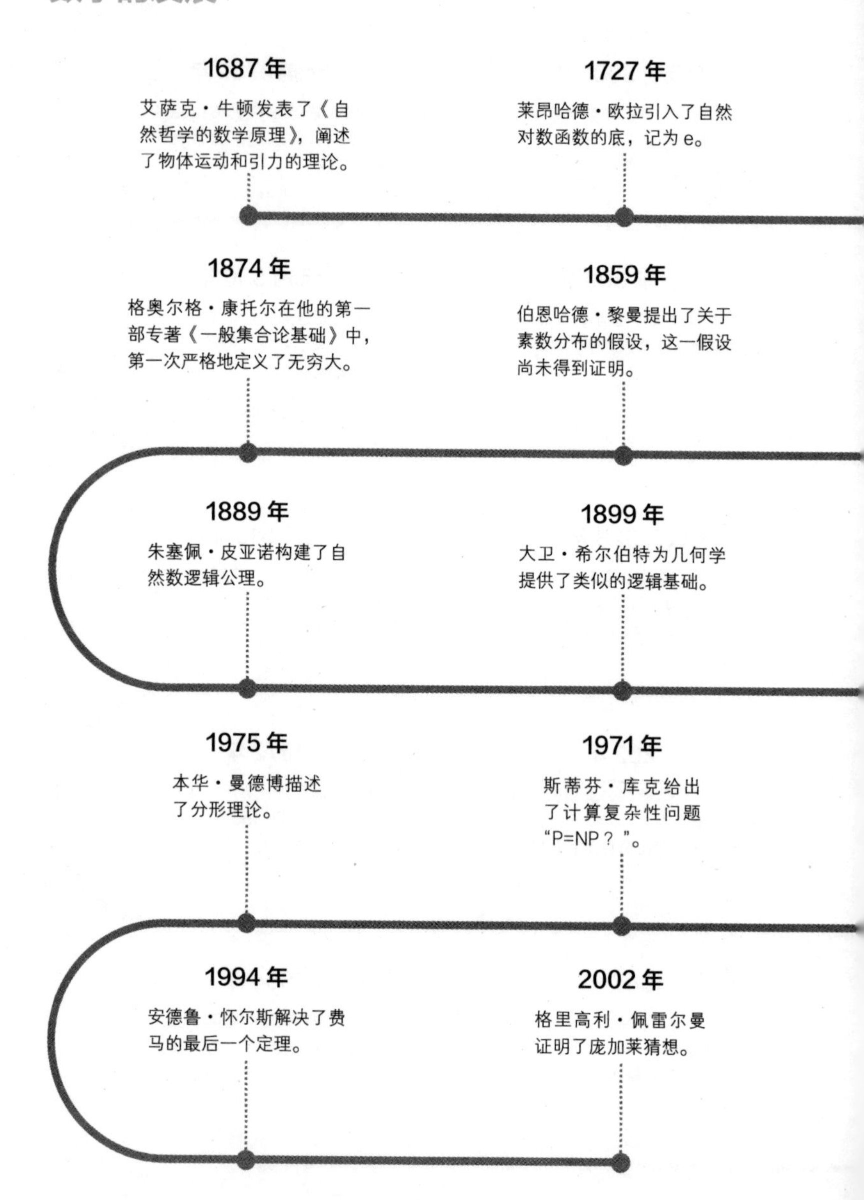

1687 年
艾萨克・牛顿发表了《自然哲学的数学原理》，阐述了物体运动和引力的理论。
1727 年
莱昂哈德・欧拉引入了自然对数函数的底，记为 e。
1874 年
格奥尔格・康托尔在他的第一部专著《一般集合论基础》中，第一次严格地定义了无穷大。
1859 年
伯恩哈德・黎曼提出了关于素数分布的假设，这一假设尚未得到证明。
1889 年
朱塞佩・皮亚诺构建了自然数逻辑公理。
1899 年
大卫・希尔伯特为几何学提供了类似的逻辑基础。
1975 年
本华・曼德博描述了分形理论。
1971 年
斯蒂芬・库克给出了计算复杂性问题“P=NP？”。
1994 年
安德鲁・怀尔斯解决了费马的最后一个定理。
2002 年
格里高利・佩雷尔曼证明了庞加莱猜想。

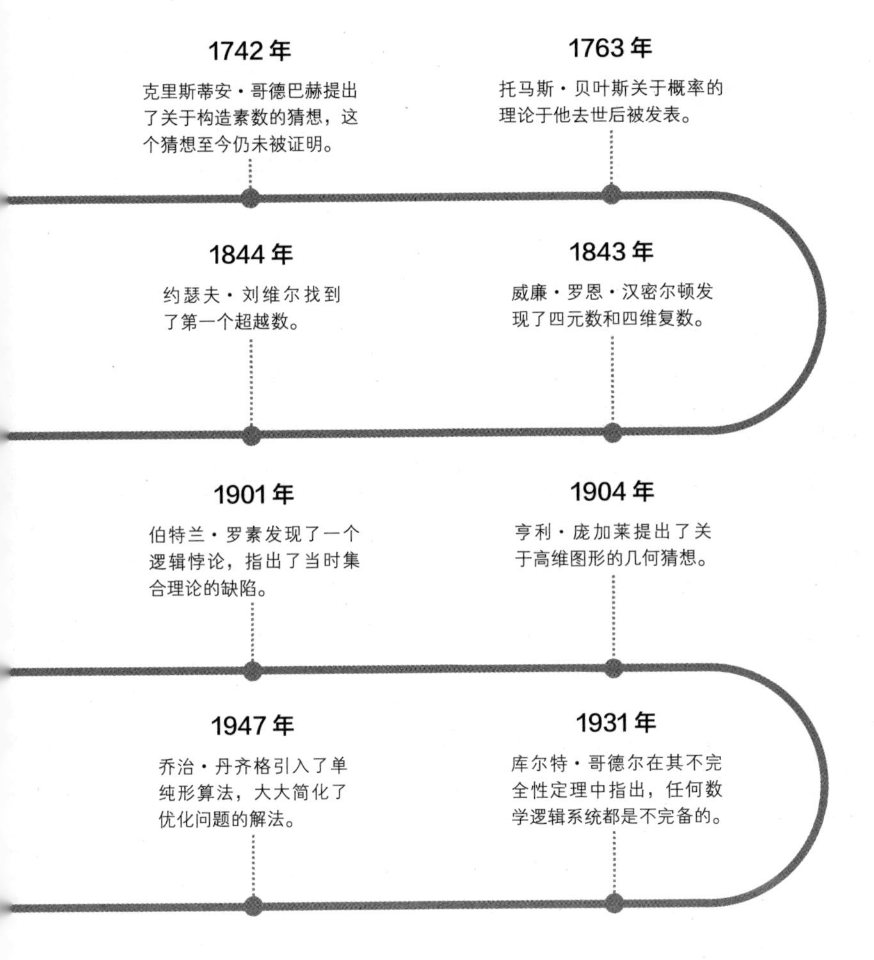
1742年
克里斯蒂安·哥德巴赫提出了关于构造素数的猜想，这个猜想至今仍未被证明。
1763年
托马斯·贝叶斯关于概率的理论于他去世后被发表。
1843年
威廉·罗恩·汉密尔顿发现了四元数和四维复数。
1844年
约瑟夫·刘维尔找到了第一个超越数。
1901年
伯特兰·罗素发现了一个逻辑悖论，指出了当时集合理论的缺陷。
1904年
亨利·庞加莱提出了关于高维图形的几何猜想。
1931年
库尔特·哥德尔在其不完全性定理中指出，任何数学逻辑系统都是不完备的。
1947年
乔治·丹齐格引入了单纯形算法，大大简化了优化问题的解法。

这个实验似乎也为数字能力“先天论”的观点提供了补充证据。

但是不久后，一些研究人员认为这些结论有问题。例如，受试者可能不是根据数字，而是根据诸如空间分布或覆盖面积等其他属性来区分几组点的不同。以色列海法大学的塔利·莱博维奇指出，我们发现对这些事物的评估是有意义的：在打猎或被狩猎时，你需要迅速行动，这意味着你需要使用所有可用的线索。

很快，一个不同的假设出现了：我们不是天生就有数感，而是有量感，比如大小和密度，这些量与事物的数量有关，我们有意识的数学能力就建立在此基础上。莱博维奇指出：“发展和理解这种相关性需要时间和经验。”

对儿童更精细的测试也支持这个观点。年龄小于 4 岁的孩子不能说出 5 个橘子和 5 个西瓜的共同之处：它们都是 5 个。对他们来说，相同数量的西瓜比橘子更多。

对不同人类文化的观察为上述观点提供了更多的证据。巴布亚新几内亚的雅普诺人有一种复杂的语言，包括微妙的指示代词，用于表示某事物比说话人更高或者更低，那儿有多少东西，以及它们到底有多近或多远（相比之下，英语只有 4 个指示词：这个、那个、这些和那些）。但是，雅普诺人并没有使用所谓的一般概念的心理数轴，他们的语言中也没有比较词来表示某件事物是大的还是小的。研究雅普诺文化多年的加州大学圣地亚哥分校的拉斐尔·努涅斯说，这并不仅仅是缺乏精确的量化：他们的语言也缺乏一些简单比较的表达方式，比如大小或重量的比较。

努涅斯还提到了对 189 种澳大利亚土著语言的研究，其中四分之三的语言没有超过 3 或 4 的数量词，而剩下语言中的 21 种也没有超过 5 的数量词。对努涅斯来说，这表明准确描述数字的能力不是人们与生俱来的，而是在农业和贸易等环境需要时出现的一种文化特征。他说："成千上万的人拥有语言，有时甚至是非常复杂的语言，但在他们的语言中却没有精确的数量词。"

有些人比其他人习得数感的能力更强。2016年，德阿纳报告了对15名专业数学家和15名同等学术能力的非数学家的大脑进行扫描的结果。结果显示：当数学家思考代数、几何和拓扑学中的问题时，参与数学思想的大脑区域网络被激活，但当他们思考不相关领域时，这个区域却没有被激活；这种区别在非数学家中是看不到的。

至关重要的是，这种"数学网络"并不与掌管语言的大脑区域重叠，这表明，人们一旦进行数学能力的培养和学习操作符号的语言时，他们将采用一种不涉及日常语言的方式进行思考。对于弗里斯顿来说，就好像这些人能够将直觉下载到另一个世界——数学世界，然后退回来，让直觉与它们对话。这种能力可能依赖于许多其他东西：语言传达概念的能力、工作记忆保持并执行概念的能力、认知控制克服我们大脑中固有偏见的能力。

当数学出错时

作为自然选择随机过程的产物，从有意识的数学角度来看，我们认为世界的无意识数学模型并不完美。有时为了能继续下去，人们会以牺牲准确性为代价。这也是各种常见数学陷阱的来源。

例如，我们发现评估概率困难的原因之一是我们总是倾向于夸大对风险的估计（安全总比后悔好），并试图找到没有风险的模式。在轮盘赌时，赌徒错误地认为，如果小球连续落在红色区域上，那么下注在黑色区域赢的概率更大。这正是赌徒误判的原因（见第8章）。

以控制我们对外部刺激反应的韦伯–费希纳效应为例，它指出，我们区分事物之间差异的能力会随着事物规模的增加而减弱。例如，2 千克的重量与 1 千克的重量很容易区分开来，而 22 千克和 21 千克的重量则很难区分。同样，这也适用于灯光的亮度、声音的音量，以及物体的数量。

实验表明，其他动物也存在这些内在缺陷——但到目前为止，只有我们人类以有意识的数学方式发展了识别这些缺陷的能力，并逐步加以克服。

如何思考数学

数学从业者是如何进行数学思考的？英国华威大学的伊恩·斯图尔特认为研究这一问题的学科类似于一门语言，但是由于其内在的逻辑性，这门语言可以自我发展。他说："你可以在不确切知道它们是什么东西的情况下开始写，而语言会为你提供建议。"掌握足够的基础知识，你就可以快速进入球类运动员所称的"区域"。斯图尔特发现，在这种状态下，事情变得简单了许多，你会被数学推着向前走。

但是，如果你缺乏这样的数学能力呢？数学家兼作家亚历克斯·贝罗斯认为，将这一切都归功于天赋是错误的：即使是最好的数学理论领军人物，可能也需要几十年才能掌握他们的技艺。他认为人们不懂数学的原因之一就是他们根本没有足够的时间来学习。

勾勒出问题的轮廓会对解决问题有所帮助。比如负数。五只羊很容易想象，但是想象负五只羊真的有点难。只有当有人想出了一个聪明的主意，将所有现有数字 0，1，2，3……排列在一条直线上时，负数的位置才变得明显。同样的情况，复数只有在描述它们的"复平面"出现后才真正兴起（请参阅第 5 章）。

类比也是有帮助的。斯图尔特的建议是，如果想到椭圆时会给你压力，那么想象一个被压扁的圆圈，然后从那儿开始思考。总的来说，与把数学作为一门死板的逻辑学科的印象相反，解决任何问题的最好办法往往是对它进行简短的概述，跳过你无法解决的问题，然后回头补全细节。很多数学家说过，能够进行模糊思考是很重要的。

访谈：魔方带来的灵感

菲尔兹奖，再加上阿贝尔奖，它们都被视为颁发给数学天才的最高荣誉。菲尔兹奖每 4 年颁发一次，每次颁给 2 至 4 名有卓越贡献的 40 岁以下的数学家。2003 年，曼纽尔·巴尔加瓦在 28 岁时成为普林斯顿大学最年轻的教授之一，2014 年被授予菲尔兹奖，他在揭示数学大脑不同寻常思维方式上的贡献非凡。

对你来说，菲尔兹奖章比你赢得的其他奖项更重要吗？

任何奖项都是一个里程碑，它能激励人们走得更远。我不知道这个奖项是否比其他奖项更有意义。对我来说，为获得这个奖项而进行的数学研究远比奖章本身更令人兴奋。

获奖词中说你以一种非同寻常的方式推广了高斯运算法则而受到启发。这意味着什么，你做了什么呢？

高斯法则是指人们可以对两个二次型作运算，就像对两个平方数作运算可以得到第三个平方数。1998 年夏天，我在加利福尼亚时，有一个 2×2×2 的迷你魔方。我只是想象一下在每个角上都放上数字，然后就看到了这样的二元二次型，总共有三个。我只是坐下来，写下了它们之间的关系。这真是一个伟大的日子！

你的其他发现有不寻常的起源吗?

我倾向于非常直观地思考事情，魔方就是这种视觉方法的一个具体例子。但这可能是最不寻常和最意想不到的起源。

在你已证明的几个定理中，你最喜欢哪一个?

数学家经常说，选择一个最喜欢的定理就像选择一个最喜欢的孩子。虽然我还没有孩子，但我理解这种情感。我喜欢我证明的所有定理。

无论是在世的还是已故的，你最尊敬哪位数学家?

我的母亲——米拉·巴尔加瓦，纽约亨普斯特德霍夫斯特拉大学数学家——从一开始就给了我灵感的源泉。她总是回答我的各种问题，鼓励我，支持我，她让我明白，人类的心智究竟有多大的潜力。

2

零

它是虚无的化身，但它究竟是什么？现在，让我们开始探索几个世纪以来一直困扰数学家的这个数字。“0”是数字，不是吗？

无尽的虚空

零就不是一个正常的数字。任意两个数字相加一般会得到一个不同的数字——除非两个加数中有一个是零。将任意数字乘以零，结果永远是零，没有其他数字出现。不要尝试用数字除以零，数学家通常将该结果称为“不可定义”，因为如果你这样做，将导致混乱。（请参阅下面的“证明 1=2”）

这些混乱在一定程度上解释了为什么零作为数字被接受之前，长久以来只能作为一个符号而存在。符号“0”在十进制表示法中被认为是“占位符”。以数字“2018”这个字符串为例，它等于 $2\times10^3+0\times10^2+1\times10^1+8$。如果没有零，我们很容易将 2018 误认作 218，或 20018。如果没有零，我们的计算结果可能会相差成百上千。

公元前 1800 年左右，在美索不达米亚的巴比伦尼亚，第一个位值制被用来计算季节和年份的更替。这个位值制的基数不是 10，而是 60，而且它只有两个符号，分别代表 1 和 10，它们被粗略地组合在一起用以计数。使用这样的系统进行计数无疑是一件非常头痛的事情，尤其是在数字的抄写中，因为 60 的任何次方都没有用符号来标记，而仅仅是用一个空缺来标记。直到公元前 300 年左右，第三个符号——两个向左倾斜的箭头组成的奇怪标记才在占星家的计算中出现以填补那个空缺的位置。

这是世界上第一个零的符号。大约 7 个世纪后，零这个符号被世界另一端的人发明，这是世界上第二个零的符号，当时，中美洲的玛雅祭司和天文学家开始使用蜗牛般的符号来填补计算日历位值制中的空白。但巴比伦人和玛雅人都没有采取下一步行动：将零作为一个数字符号用于运算，或者标记运算结果。

证明 1=2

通过简单的代数证明可以看到：当数学算法不合理的时候，我们可以证出 1=2。

1. 设 $a=b$

2. 等式两边乘以 a 得到：　$a^2=ab$

3. 等式两边加上 a^2 得到：　$2a^2=a^2+ab$

4. 等式两边减去 2ab 得到：　$2a^2-2ab=a^2-ab$

5. 整理上面等式得到：　$2(a^2-ab)=1(a^2-ab)$

6. 等式两边同除以（a^2-ab）得到：　$2=1$

为什么会出现这样的错误呢？这是因为在第一步中，我们首先定义了 $a=b$，所以 $a^2-ab=0$。这样在第 6 步中两边同除以（a^2-ab）相当于同时除以 0，这在数学中是不允许的。

古希腊人中除了一些远见卓识的数学家外，其他人在数学方面的表现不太好。古希腊人的思想中根深蒂固地嵌入这样一种理念：数字表示几何形状，但什么形状会对应于不存在的东西呢？只能是某种事物的完全缺失，即虚无——一种当时占主导地位的宇宙学所摒弃的观点。对希腊人和欧洲的后继基督教文明来说，零代表着对神的不敬。因此，尽管他们经常在天文学计算时使用巴比伦占位符零，但他们依旧避免将零作为数字使用。

数字 0

东方哲学没有这样的困扰，所以“零”旅程的下一个伟大的中转站不是巴比伦的西方，而是它的东方。它出现在公元 628 年左右由数学家婆罗摩笈多写于印度的一篇论述数学与物理世界关系的论文《婆罗摩修正体系》中。婆罗摩笈多是我们所知道的第一个将数字视为与任何物理或几何现实相分离的纯粹抽象量的人。这让人们可以考虑一些非正统的问题，比如从一个数字中减去一个更大的数字时会发生什么。从几何角度来看，这是荒谬的：用一个小面积减去一个更大的面积，还剩下什么呢？

取而代之，婆罗摩笈多把数字想象成了一条向两个方向一直延伸到你所能看到最远之处的连续线上，这条线上标记正数和负数，并且他给出了如何处理数量的规则。矗立在这条线的正数世界和负数世界之间的一个与众不同的点被称为“sūnya”，即虚无。

不久，这个新的数字就与符号零统一了（见图 2.1）。最近，保存在英国牛津大学博德利图书馆一份手稿的最新年代测定表明，早在公元三四世纪，印度数学家就已经使用了一个压扁的鸡蛋符号作为占位符，这个符号与我们现在使用的“0”很接近。婆罗摩笈多的新思想很快使这个占位符成为现代“动态”位值制的正式成员，位值制的完整基数是从 0 到 9。

这时，零似乎忽然被披上了一件新的外衣：它变成了一个数学工具，成为十进制数系统的基石之一。在十进制数字串的末尾加上一个 0，相当于对这个字符串乘以 10，例如 2018 变成 20180。将两个或两个以上的数字相加，当某一列的和从 9 跨越到 10 时，我们“进位 1”，并留下一个 0 以确保答案的正确性。

这种算法的简单性成为我们处理数字时灵活而强大的力量来源。很快，它在印度和阿拉伯的数学家中催生了一种新的数学方法：代数。

数字“0”的发明经过很长时间才传入欧洲。1202 年，一位年轻的意大利人，比萨的列奥纳多——更广为人知的名字是斐波那契——出版了《计算之书》，

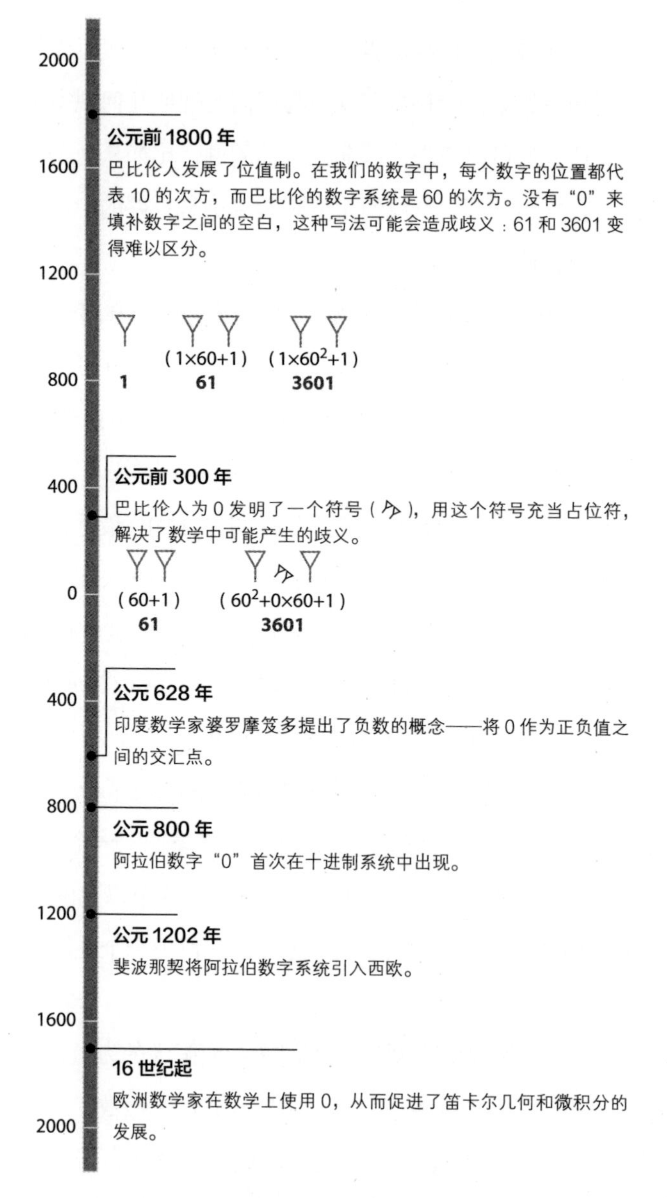

图 2.1 0 对于数学来说是至关重要的，但它的重要性经过了几千年才被认识到

书中详细介绍了他在北非旅行中遇到的阿拉伯计数系统。他展示了这种计数法比算盘以及当时流行的罗马数字非位置记数法的优越性，因为利用它可以灵活地进行复杂计算。

虽然商人和银行家很快就对阿拉伯数字系统的实用性深信不疑，但政府当局却不那么倾心。1299 年，佛罗伦萨市禁止使用阿拉伯数字，特别是 0，政府认为只要简单地在数字的末尾加上一个数字，数值就会大大膨胀，这是公然的欺诈行为。

不过，最终 0 还是获得了胜利。17 世纪，法国人勒内・笛卡尔发明了笛卡尔坐标系，将代数和几何结合起来，赋予任意几何形状一个新的以 0 为中心的符号表示法。不久之后，艾萨克・牛顿和戈特弗里德・莱布尼茨发明了微积分这一新的工具，它意味着，你必须首先理解 0 是如何融入无穷小中，才能用它来解释宇宙万物，比如一颗恒星、一颗行星、一只超越乌龟的野兔，究竟是如何改变位置的。

对 0 的深层认识成为后来科学革命的导火索。但为什么直到 19 世纪，我们才意识到 0 对于数学本身有多么重要呢？问题的关键原因在于集合论的出现。

数字的解释：集合论

19 世纪后期，当大多数数学家忙着给正在发展的数学大厦添砖加瓦，购置漂亮的家具，增加一个新房间，甚至是一层楼的时候，一群自寻烦恼的人却开始为地基发愁了。当时的革新——如非欧几里得几何等——已经运行得很好，但是其基础可靠吗？为了证明它们的正确可靠性，一个还未有人能真正理解的概念需要被整理出来：数字。

在这个阶段，使用数字不是一个问题。最大的问题是它们到底是什么。你可以给别人指出 2 只羊、2 枚硬币、2 只信天翁、2 个星系，但是你能给他们指出“2”吗？重要的是我们要看到，记号“2”是一种符号，而不只是一个数字：不同的文化会使用不同的记号。“贰”这个字也一样，在别的文化中“贰”可能会被记作 deux、zwei 或者 futatsu。千百年来，人类一直很好地使用着数字，但突然一些哲学家意识到，没有人知道它们到底是什么。

这时一个答案浮现出来，它来自两个不同的思路：数学逻辑和傅立叶分析。在傅立叶分析中，一个复杂的波形表示为简单的正弦波的组合。它们汇集在了同一个概念上：集合。集合是某些数学对象的组合，如数字、形状、函数、网络，等等。它是通过列出或描述其中成员的共同性质来定义的：如“2，4，6，8 的集合”与“1 到 9 之间的偶数”都定义了相同的集合，记为 {2，4，6，8}。

1880 年左右，格奥尔格·康托尔发展了一套广泛的集合论。他一直在试图解决傅立叶分析中一些与不连续有关的技术问题，即波形突然跳跃的地方。他的答案涉及不连续集的结构。它不是个别点的不连续，而是一整类的不连续。

顺理成章地，康托尔设计了一种方法来计算集合中的元素个数，方法是将它以一一对应的方式与标准集合进行匹配。例如，假设集合是 {Doc，Grumpy，Happy，Sleepy，Bashful，zy，Dopey}。当计算集合中有多少个元素时，我们一边念诵“1，2，3……”一边将集合的元素与数字一一对应：Doc（1），Grumpy（2），Happy（3），Sleepy（4），Bashful（5），zy（6），Dopey（7）。是的：这个集合有 7 个元素。当计算一周中有多少天时，我们也可以做这样一一对应：星期一（1），星期二（2），星期三（3），星期四（4），星期五（5），星期六（6），星期日（7）。

当时的另一位数学家戈特洛布·弗雷格继承了康托尔的思想，认为这些思想可以用来解决“数”的重大哲学问题。他认为，可以通过看似简单的计数来定义“数”。

我们在数什么？一个或多个对象所构成的整体——集合。我们怎么计数它？ 通过将集合中的对象与已知大小的标准集合进行匹配。下一步很简单，但扔掉这些数字却是毁灭性的。你可以用小矮人来计算一周的天数，即建立一个对应关系：周一（Doc），周二（Grumpy）……周日（Dopey）。一周中“Dopey”天。这是一个非常合理的替代数字系统。虽然它依然没有告诉我们数字是什么，但它给出了一种定义“相同数字”的方法。一周的天数等于小矮人的数量，不是因为它们都是7个，而是因为你将每一天与小矮人一一对应。

那么，数字是什么呢？数学逻辑学家意识到，要定义数字2，你需要建立一个标准集合，直观地看，它有两个元素。要定义3，需要一个包含3个元素的集合，依此类推。然而，这只是转移了问题：你应该使用什么样的标准集呢？它应该是唯一的，结构应该与计数过程相对应。同时，空集对应0。

格奥尔格·康托尔的天堂和地狱

集合论是现代所有关于数字研究的基石，出生于1845年的格奥尔格·康托尔是集合论之父。但他开创性的工作，尤其是他对“无穷”本质的研究，并不总是受到好评。据说，与他同时代的亨利·庞加莱曾把集合论描述为一种“可以治愈的疾病”。一些基督教神学家认为他的关于“无限”方面的工作是对上帝的直接挑战。

康托尔本人虔诚地信奉宗教，但他似乎在工作中遇到了悖论和挑战，精神崩溃的频率也越来越高。在他生命的最后几十年里，他彻底放弃了数学，而是专注于试图证明莎士比亚的戏剧是哲学家弗朗西斯·培根写的，耶稣是阿里马太的约瑟夫的儿子。不管怎样，到了那个时期，他所创立的集合论已经很成熟了。1926 年，数学家大卫·希尔伯特说："没有人能把我们从康托尔创造的集合论的天堂中驱逐出去。"

空集

如果 0 是一个数字，它应该是某集合的成员个数，但应该是哪个集合呢？好吧，这个集合必须是没有成员的。不难想到或许它是"所有重 20 吨老鼠的集合"。这是一个没有成员的数学集合：空集。它是唯一的，因为所有的空集都没有成员。空集的符号由一位笔名为尼古拉·布尔巴基的数学家引入，记为 Ø。集合论中需要 Ø 就像是算数中需要 0 一样：因为如果你把它加入，事情就会简单多了。事实上，我们可以定义数字 0 为空集。

那么数字 1 表示什么呢？直观上看，我们需要一个只有一个元素的集合。有什么东西是唯一的？对，空集是唯一的。于是我们定义 1 为一个只有一个元素的集合，其中这唯一的一个元素就是空集，记为：{Ø}。这个集合和空集不一样，因为它有一个元素，而空集则没有任何元素。的确，1 这个集合中的元素是空集，但是它确实有一个元素。把集合想象成一个纸袋子，里面装着它的元素。空集是一个空袋子。只有一个空集的集合是一个装着空纸袋的袋子。区别在于：它有一个袋子在里面（参见图 2.2）。

关键的一步是定义数字 2。我们需要一个具有两个成员的唯一定义的集合。那么何不使用目前为止我们提到过的仅有的两个集合：Ø 和 {Ø}？因此，我们定义 2 为集合 {Ø，{Ø}}。根据我们的定义，它与 {0，1} 相同。

于是出现了一种模式，我们可以将 3 定义为 {0，1，2}，一个包含 3 个成

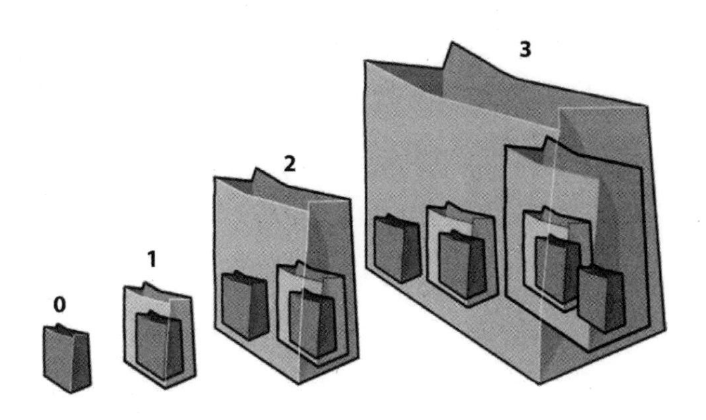

图 2.2　空集中没有东西，就像一个空的纸袋。但通过不断把空纸袋放在一个更大的纸袋里，可以形成越来越大的集合——这是我们定义数的基础

员的集合，这样所有这类集合都被定义了。然后 4 是 {0，1，2，3}，5 是 {0，1，2，3，4}，依此类推。所有的一切回归到了空集：例如，3={Ø，{Ø}，{Ø，{Ø}}}，4={Ø，{Ø}，{Ø，{Ø}}}}。你应该不会想看到小矮人的数量是如何定义的吧。

以上构造出来的东西都是抽象的：空集和用不断列出空集生成的集合。但是这些集合相互关联的方式产生了一个良定义的数字系统，在这个系统中，每个数字都是一个特定的集合，它直观地拥有那个数目的成员。故事还不止于此。一旦定义了正整数，类似的集合理论技巧就可以用来定义负数、分数、实数（无限位数）、复数，等等。这是数学的可怕秘密：一切都建立在虚空之上。

3

无穷大

人们把以 0 为刻度起点的数轴的另一端称为无穷大。它是一个我们认为应该存在的庞然大物，但它实在太大了，最终只存在于概念之中。

什么是无穷大？

无穷大在创建之初就具有一个令人困惑的属性。从数学上来说，它起初作为一种表达事实的方式被使用，即某些事物（如计数）没有明显的终点。数到 146，后面还有 147；数到 1 万亿，后面还有 1 万亿加 1。人们有两种方式来处理这种情况：你可以谨慎地说，没有最大的数字，只存在无穷大的“可能性”；或者你可以大胆地说，存在无数多个数字，并将无穷大视为具有其自身属性的实际数量。

直到 19 世纪末，数学家才清楚地阐述了什么是无穷大。正如阐明 0 的准确值一样，问题的关键在于集合论（请参阅第 2 章）。例如，整数集 1，2，3，4……是一个良定义唯一的对象，其大小是无穷大。

然而，观察一下这些数字的平方所形成的序列：1，4，9，16……，这个序列变大的速度快了很多，因此它应该会更快地接近无穷大，对吗？事实并非如此。正如伽利略在 17 世纪初所认识到的那样，每个整数都有一个平方，因此平方数和整数一样多，也是无穷多个。实际上，这些“可数”无穷大的个数与可数自然数有关。你可以证明它们具有相同的大小——这是看似矛盾的希尔伯特无限酒店问题（见下面的“希尔伯特酒店”）的基础。算术运算也是在可数的无限内进行的。

因此，无穷就是无穷——除非它不是。现在看一下实数：整数加上两个相邻整数之间的所有有理数和无理数（如：1.5、π、2 的平方根等）。问实数包含有多少个数就等同于在问“一条线上有多少个点”。一条完全笔直平滑、没有孔或缝的直线上显然有无穷多个点，所以答案也是“无穷多”。

然而，正如伟大的集合论学家格奥尔格·康托尔所证明的那样，“连续集”

的无穷大比可数的无穷大更大。实际上，这只是延伸向更高势的无穷大的第一步。可数的、连续集的和所有其他类型的无穷大之间的关系是数学中最大的未解决问题之一。

希尔伯特酒店

大卫·希尔伯特关于大酒店的悖论告诉我们，无限集的作用和我们直觉上认为的不一样。

设想一家酒店有（可数）无穷多间客房，而且都住了客人。这时，又有一辆载有 50 名客人的客车抵达。他们可以住在哪儿？在这个无穷多间房的酒店中，这完全不是问题：将已经住在酒店中的每位客人向后移动 50 个房间，然后将新客人安排在 1 至 50 号的房间中。

实际上，使用稍微不同的填充算法，便可以容纳无穷多的新客人：将房间 1 的住宿者移至房间 2，将房间 2 的住宿者移至房间 4，依此类推，将住宿者从房间 n 中移到房间 $2n$。然后将新来者安排到奇数房间中，这样就多出了无数个空房间。

希尔伯特悖论告诉我们，人们可能会以为偶数的个数是整数个数的一半，实际上这两个集合可以精确地一一对应。事实上，每组整数集合都是有限的或可数的无穷大，而可数的无穷大集合都具有相同的大小。不止于此，通过一些简单的数学计算，你可以证明希尔伯特酒店可以容纳无穷多乘坐客车来到酒店的新客人。

连续统假设

1900年8月8日，第二届国际数学家大会在巴黎索邦大学召开。当大卫·希尔伯特做完报告走下演讲台时，聚集在一起的代表中似乎很少有人对他的报告留有深刻印象。根据当时的一份报告，人们对这位伟大数学家演讲后的讨论是“颇为随意”的。然后关于是否应将世界语作为数学工作语言的辩论却引起了更多人的关注。然而，希尔伯特的这次演讲却确立了20世纪的数学议程，并明确列出了23个未解决的关键问题。今天，这些问题中的一部分已经解决了，包括如何充分利用空间将球体装箱。其他一些问题，例如涉及素数分布的黎曼假设，几乎没有进展。但希尔伯特问题列表上的第一个问题却因为一代又一代数学家给出的奇特答案而更加引人注目，因为数学没有能力针对这个问题给出一致答案。

这个问题最早由格奥尔格·康托尔提出，被称为连续统假设。它指出在包含整数的可数集基数和包含实数的连续集基数之间没有中间的无穷大的基数。

想要对连续统假设证真或证伪都需要分析实数集的所有可能的无限子集。如果每个无限子集都是可数的，或与实数集具有相同的大小，那么连续统假设是正确的。相反，即使存在一个中等大小的子集不满足上面条件，也会使这个假设不成立。

康托尔无法证明他的假设，因为正如英国数学家和哲学家伯特兰·罗素所阐述的那样，做这件事情太仓促了。虽然康托尔关于无穷大的结论是正确的，但他的集合理论的逻辑基础是有缺陷的，这个理论是建立在一个非正式的、最终证明是矛盾的集合概念上的。

罗素的悖论

1901 年，伯特兰·罗素构造的一个悖论指出，在格奥尔格·康托尔最初提出的集合论中存在一个缺陷，只有通过后期改进才能修正。

设 R 是一个由所有不包含自己的集合组成的集合。如果 R 不是自己的一员，那么由它的定义可知，它是它自己的一员。但它又不是自己的一员。那么哪一个是正确的呢？

罗素悖论提出的自我引用的基本问题——逻辑陈述或引用自己的对象——困扰着所有逻辑系统。这也是更早的说谎者悖论的核心。它表现为“这句话是假的”，那么“这句话是假的”是真的还是假的？后来库尔特·哥德尔在他的不完全性定理中指出，自我引用表现了数学的一个基本问题。

直到 1922 年，两位德国数学家恩斯特·策梅洛和亚伯拉罕·弗兰克尔设计出一系列集合的运算规则，这些规则看起来足够强大，足以支撑康托尔的无限塔，并稳定了数学的基础。然而，不幸的是，这些规则并没有为连续统假设提供明确的答案。事实上，它和同时代其他发展起来的数学理论似乎强烈地暗示着这个假设可能没有答案。

选择公理

眼前的绊脚石是一条被称为“选择公理”的规则。它不是策梅洛–弗兰克尔集合论最初规则的一部分，但它很快被提出来。因为人们发现，离开这条规则，连比较两个不同大小的无穷大这种基本的数学运算也是不可能的。

选择公理指出，如果你有一组集合，则始终可以通过从每个集合中选择一个对象来形成一个新集合。这听起来很温和，但它是带刺的。波兰数学家斯

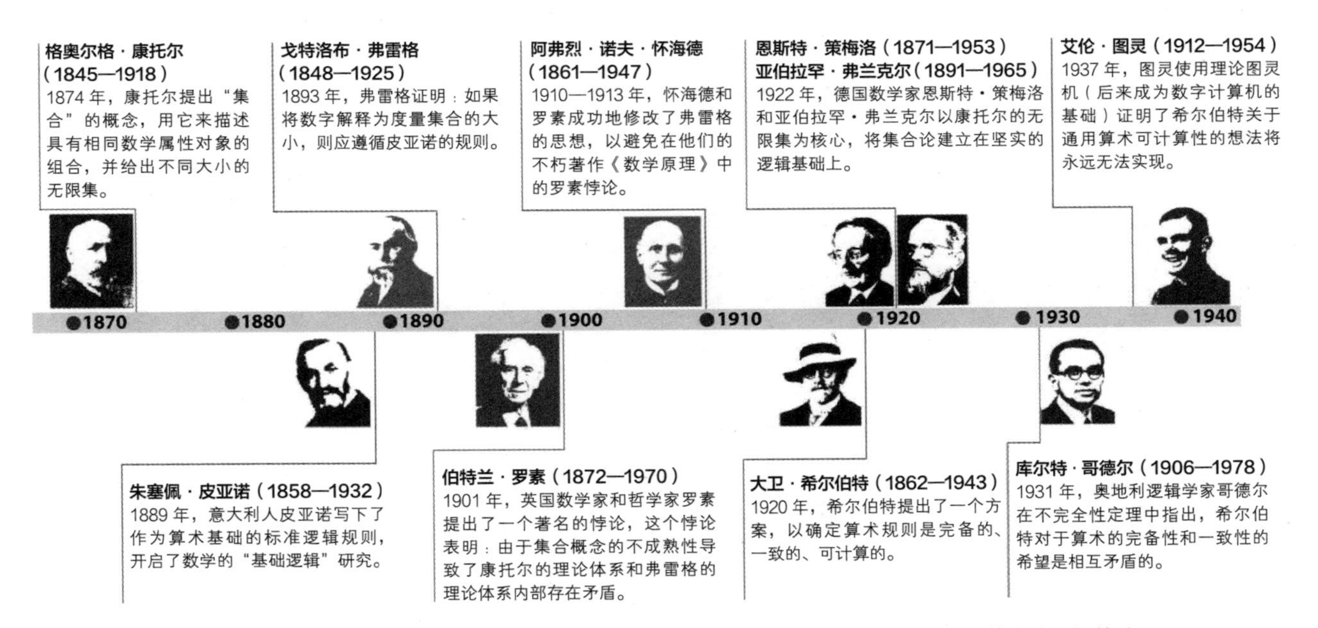

图 3.1　19 世纪末和 20 世纪初，许多数学巨匠为集合论的发展做出了贡献，并将此作为算术的逻辑基础

特凡·巴拿赫和阿尔弗雷德·塔斯基很快展示了如何使用选择公理将圆球上点的集合划分为六个子集，然后通过滑动它们得到两个与原始大小相同的球。这样就产生了一个新的基本问题：选择公理允许存在各种奇异的实数集。

在“不可证明”的概念刚刚兴起的时候，一个消息就传出来了。奥地利逻辑学家库尔特·哥德尔于1931年证明了著名的不完全性定理，指出即使有最严密的基本规则，也总是会有关于集合或数字的陈述，例如选择公理或连续统假设，在数学上是既不能被证真也不能被证伪的。

哥德尔的不完全性

1931年，库尔特·哥德尔发表了两个不完全性定理，此时他才25岁。这两个定理将伯特兰·罗素等人揭示的集合论中的逻辑矛盾正式转化为关于数学具有局限性的一般性陈述。

第一个不完全性定理指出，任何可以描述自然数算术的逻辑公理的自洽系统都会留下关于自然数的命题，这些命题可能是正确的但无法被证实。第二个不完全性定理进一步指出，这样的公理系统不能用来证明自己的一致性。要证明一致性，需要围绕它建立一个更大的逻辑结构。但新体系同样也将遭受其自身的不完全性之苦。

但是，与此同时，哥德尔对如何填补数学的基本逻辑结构中的大多数裂缝有一种疯狂的直觉：你只需要在其之上建立更多的无穷大层次。1938年，他证明了自己的观点。从与策梅洛、弗兰克尔的规则兼容的简单集合概念开始，哥德尔完善其无限的上层结构，创造了一个选择公理和连续统假设同时成立的数学环境，并称这个新世界为“可构造的宇宙”或简称为“L”。

从那以后，数学家们发现了各种各样的集合论模型。有些是“L型世界”，具有像哥德尔的L这样的超级结构，只是在它们所包含的无穷大的额外层次上有所不同；另一些则具有完全不同的体系结构，具有完全不同的层次和通往各种方向的无限阶梯。

在大多数情况下，在这些结构中生活是相同的：日常生活中的数学在这些结构中通常没有差异，物理定律也一样。但是，这种数学上“多重宇宙”的存在似乎也打破了人们对连续统假设的一些想法。正如数学家保罗·寇恩在20世纪60年代所证明的那样，在某些逻辑上可能的世界中，这一假设是成立的，在可数无穷大与连续集的无穷大之间没有中间等级。在另一个世界中，有一个中间等级；在其他的世界中，有无限多个中间等级。以目前所知道的数学逻辑，我们无法找出我们到底处于哪个世界，以及在这里连续统假设是否成立。

无限之人

哈佛大学的集合论学家休·伍德丁比大多数人都更懂得如何用无限的思想来探讨一个概念。有一个以他名字命名的无穷大等级，这个令人头晕的无穷大等级由所有伍德丁的数字组成。“它们太大了，你无法推断它们的存在性。”他说。

这样的无穷大是极端抽象的：虽然你可以在逻辑上操作它们，但你不能写出任何包含它们的公式，也不能设计计算机程序来测试关于它们的预测。伍德丁的理论对于我们在处理无穷大问题时搁置库尔特·哥德尔等人发现的集合论中的不一致性是有帮助的。“集合论充斥着无法解决的问题。”他说，“几乎你想问的问题都是无法解决的。”伍德丁一直在致力于一种新的数学逻辑上层建构，为了纪念库尔特·哥德尔称为L逻辑世界的提出，他将其称为“终极 L”。

终极 L 意味着康托尔的连续统假设是正确的，因此在可数的无穷大和连续集的无穷大之间没有中间等级。但它并不止于此。它宽敞、通风的空间允许你根据需要在多余的楼梯上固定额外的台阶，以填补下方的空白，这很好地满足了哥德尔关于使用无限性来根除数学难题不可解性的直觉。哥德尔的不完全性定理不会消失，只要你高兴地踏上楼梯进入无限的数学顶楼，就可以追逐它。

无穷大是真的吗？

无穷大对数学的逻辑结构至关重要。实际上，在没有无穷大及其对应面（无穷小）的情况下，几乎没有什么数学工作可以顺利进行。在几何学中，定义一个完整的圆圈需要 π 这个无穷数字；在定义数学函数，例如与角度和两线长比值相关的正弦函数和余弦函数时，也需要无穷多项；在力学中，计算连续运动时需要将时间切成无限小的时间间隔。

但是，这些在现实中存在吗？以无限的整数集合为例：你永远不可能真正地将所有的整数都写出来，在写完前你肯定会死去。即使有人接着做，在有限的宇宙中，用来写这些数字的纸张和用来对数字进行编码的信息都将被耗尽（请参阅第 9 章）。

澳大利亚悉尼新南威尔士大学的数学家诺曼·威尔德伯格认为，这足以成为谨慎行事的理由。他指出，在历史上的大部分时间里，无穷大都距离我们一臂之遥。从亚里士多德到牛顿，对于这些伟大的人物来说，唯一的无穷大是潜在的无穷大，这种类型的无穷大使我们可以将任意数字加 1，而不必担心会到达数轴的末端，实际上也从未到达。这距离人们接受一个在数学中已经被触及并被包装成数学实体的无穷大还有一段很长的路要走。

对于威尔德伯格来说，集合论的问题不应以更多的无穷大来解决，而应该以更少的无穷大来解决。这是因为现代数学中许多严重的逻辑弱点都或多或少地与实数构成的无穷集相关联。自 20 世纪 90 年代以来，威尔德伯格一直致力于研究三角学和欧几里得几何学新的不含无穷大的版本。他的“有理几何学”旨在避免出现这些无穷大，例如用“张角”代替角度，这是一种用空间中两条线作为数学向量来表示角度的方法。

新泽西州皮斯卡塔维罗格斯大学的多伦·赛尔伯格希望采取更激进的方法来处理潜在的无穷大。忘掉所有你认为的关于数学的知识，假定存在一个最大数字。从 1 开始一直往后计数，最终你将到达一个你不能超过的数字——这就是数学的“光速”。

这引发了许多问题。最大的数字有多大？赛尔伯格说，它是一个我们永远也无法到达的大，所以他给了它一个新的符号，N_0。如果你给它加 1 会发生什么？赛尔伯格的答案与计算机处理器得到的答案类似。每台计算机都有一个最大的整数，它可以处理：超过它，你将得到一个“溢出错误”，或者处理器会将数字重置为 0。

到目前为止，计算机科学家和机器人研究人员对有限论数学给予极大的关注，当然，他们使用的是有限形式的数学。有限的计算机处理器无法近似计算实数中潜在的无限大数学，而是取而代之地使用浮点算术，这是一种科学记数法，它使计算机可以减少位数并节省内存，同时不会丢失数字的整体范围。早在 1969 年，德国工程师、浮点算术的先驱者之一康拉德·楚泽就认为宇宙本身就是一台数字计算机，在这里，没有多余的空间来存放无穷大。

4

素数

素数是构成所有其他数字的基石。它们拥有很多秘密。通过理解它们，我们可以理解数学中很多深奥的问题。

为什么素数如此重要?

素数是数字体系的最小单位，每一个大于 1 的素数都只能被 1 和它自身整除。素数 2，3，5，7，11，13，17，19，……，有无限多。

素数的真正意义在于任意两个相邻素数之间的数都可以通过素数相乘得到，如:4 等于 2×2，6 等于 2×3，8 等于 2×2×2，9 等于 3×3，等等。因此，通过理解素数，我们可以理解数字其他深层的性质。

古希腊人已经了解了素数的许多方面。2300 多年前，欧几里得写下了可能是第一个关于素数的严格证明，指出了素数有无限多个。

欧几里得的素数证明

公元前 300 年左右，生活在今天埃及亚历山大港的希腊数学家欧几里得，在著名的数学入门书籍《几何原本》中给出了几何学和其他许多数学分支的基本规则，其中包括了对素数数列是无限的这一命题的证明。

假设有人声称找到了这样一个完整的有限素数的数列，那么将这个数列中的所有素数乘起来，再加上 1 就得到一个新的数。根据这个新数的定义，它不能被数列中的任何一个素数整除（因为你总会得到余数 1），因此这个新数要么是一个新的素数，要么能被某个不在这个数列中的素数整除。如果将此新素数添加到数列表中，不断重复以上操作，人们将会发现任何的有限素数数列中至少缺一个素数。

不过，关于素数的其他问题更难回答。例如，黎曼假设，涉及素数是如何在数轴上分布的，这是七个伟大的“千禧年难题”之一，任何解决方案都能获得 100 万美元（见第 7 章）。

大素数和密码学

没有最大的素数，但这并没有阻止数学家多年来竞相发现更大的素数（见图 4.1）。

自 1996 年以来，人们启动了互联网梅森素数大搜索项目。这是一个分布式计算项目。人们可以使用免费下载的软件进行数字的筛选，来确定它是不是梅森素数。梅森素数是形如 2^p-1 的素数，其中 p 本身是一个素数。这使得找到大素数相对容易了，但检查它们不能被比它们小的任何素数整除仍然是一件高强度的计算工作。

1999 年，互联网梅森素数大搜索项目发现了第一个百万位数的素数。已知最大的素数目前有超过 2200 万位数。保持最大素数的纪录可能与荣耀有关，但大素数实际上是非常重要的。网上银行、网上购物和数字认证都使用加密、密钥消息，以保证只有预先确定的收件人才知道如何解密它们。这一切都依赖于素数。

其想法是，希望接收加密消息的人将两个大素数相乘，得到一个新的数字，该数字构成公钥的一部分，他们将这个数字共享给任何想要给他们发送消息的人。任何拥有公钥的人都可以加密消息。然而，要解密这些加密过的信息，即将它们转化为有意义的东西，就需要知道两个原始素数。给定一个足够大的数，计算出构成它的素数实际上是不可能的，因为唯一的方法是尝试所有的可能性。这意味着只有生成公钥的人才能解密消息，从而使整个信息传递过程更安全。

序号	值	数字位数	发现年代	是否是梅森素数?
1	$2^{74207281}-1$	22338618	2016	Yes
2	$2^{57885161}-1$	17425170	2013	Yes
3	$2^{43112609}-1$	12978189	2008	Yes
4	$2^{42643801}-1$	12837064	2009	Yes
5	$2^{37156667}-1$	11185272	2008	Yes
6	$2^{32582657}-1$	9808358	2006	Yes
7	$2^{31172165}+1$	9383761	2016	
8	$2^{30402457}-1$	9152052	2005	Yes
9	$2^{25964951}-1$	7816230	2005	Yes
10	$2^{24036583}-1$	7235733	2004	Yes

图 4.1　截至 2018 年 1 月，已知的最大素数

孪生素数猜想

当我们向越来越高的数字攀升时，平均来看，素数是越来越分散的。按直觉和经验来分块：最初的几个素数，2、3、5，是挤在一起的，而当你沿着数轴向上走时，一个数字可能被越来越多的素数整除。在小于 100 的素数中，两个最大素数分别是 89 和 97，它们相差 8。

素数分布模式微妙而且不可预测。在 100 之后，我们发现 101，103，107 和 109 这些素数都聚集在一起。平均而言，素数更加分散了。但此后似乎很少再有素数比较集中的区域了。

除了 2 和 3 之外，不可能有任何两个连续的数都是素数，因为除了 2 之外的所有偶数都能被 2 整除。孪生素数是一对相差 2 的素数，它们似乎有很多。例子是 3 和 5，41 和 43，107 和 109；下一个孪生素数是 2027 和 2029。

孪生素数猜想认为，就像有无穷多个素数一样，存在无穷多对孪生素数。很难确定这个猜想最早是什么时候提出的，这很可能要追溯到古希腊时期。我们有充分的理由认为这个猜想是正确的。尽管自19世纪中叶以来，众多著名数论学者都研究了这一问题，但直到最近也没有什么迹象表明在这方面取得了结论性的进展。

这种情况在2013年4月被一位当时并不出名的数学家张益唐改变了，他就职于美国新罕布什尔大学。他证明了存在无限多对相差小于或等于7000万的素数对。我们希望找到无穷多对相差为2的素数对，因此，他的这个结论听起来似乎并不那么出色，但这是人们首次得到一个有限的界限——7000万，它比起无穷大来说已经小多了。

与数学家们年轻时更容易做出最好工作的刻板印象不同，张先生当时已经50多岁了。在获得博士学位之后，他先在地铁连锁餐厅工作了一段时间，后来才找到一份学术工作。张先生的相差7000万的素数对的结论并不是他的方法所能给出的最好的结果，因此其他人能够通过收集证明的细节来得到更好的结论。澳大利亚数学家斯科特·莫里森于2013年5月底在他的博客上写道："我无法抗拒：最多只相差59 470 640的素数对。"

很快，菲尔兹奖获得者陶哲轩开启了一个在线的合作项目，以便更系统地解决这个问题。到2013年7月底，这项合作使用了张先生的方法证明了，在差距小于或等于4680的情况下，有无限多素数对。2013年11月，詹姆斯·梅纳德在牛津大学完成了分析数论博士学位，设计了一个张先生方法的更简单版本，并将素数对的差值锁定到600。到2014年4月，在线协作使用改进的方法，证明有无限多素数对，其相差小于或等于246。

此后，就没有任何进展了。到目前为止，人们都使用所谓筛分理论的方法来找孪生素数。这个方法的起源可以追溯到公元前 3 世纪，它是由希腊数学家昔兰尼人埃拉托色尼提出的。这个方法有一个众所周知的障碍，它使得数学家无法通过此方法来证明孪生素数的猜想。虽然孪生素数猜想距离被解决已经很接近了，但完全解决的办法还不清楚，因此仍然没有完全被证明。

最大的孪生素数

截至 2017 年 8 月，最大的一对素数，它们只相差 2：

$2996863034895 \times 2^{1290000}+1$ 和 $2996863034895 \times 2^{1290000}-1$

素数是随机的吗?

一个数是不是素数是预先确定的。但数学家们没有办法预测哪些数字是素数，所以他们倾向于把素数当作随机发生的。然而，2016 年，加州斯坦福大学的坎南・桑达拉拉扬和罗伯特・莱姆克・奥利弗证明，这是不正确的。

除了 2 和 5 之外，其他所有素数都是以 1、3、7 或 9 结尾的——它们必然是这样的，否则它们就能被 2 或 5 整除了，这四个结尾数字中的任何一个出现的可能性都是相同的。但是，在搜索素数时，桑达拉拉扬和奥利弗注意到，一个以 1 结尾的素数后面跟着另一个以 1 结尾的素数的概率只有 18.5%。如果素数真是随机的，你会期望这个概率是 25%——连续素数不应该关心它们相邻的数字。

其他结尾组合也显示出类似的模式。在其他不以 10 为基数的进制中，这种模式也很明显，这就意味着此种模式不是数字系统的特性，而是素数所固有的。随着数字的增大，模式变得更加符合随机性。人们检查了几万亿个素数对，这种模式都仍然持续存在。

实际上，这一结果一点也不令人意外。早在 20 世纪初，两位在剑桥大学一起工作的数学家 G.H.哈代和约翰·利特伍德提出了一种方法来估计素数对，把素数三元组和更大的素数组出现的频率，称为 κ 元组猜想。κ 元组猜想尚未得到证明，但它也表明素数并非完全随机分布——上面这项最新研究支持该猜想。

即便如此，对于桑达拉拉扬来说，这一发现是有益的证据。他说："这很奇怪。就像你很熟悉一幅画，然后突然意识到这幅画中有一个从未见过的人物。"

哥德巴赫猜想

哥德巴赫猜想认为，大于 2 的偶数可以写成两个素数之和，例如 10=3+7 和 78=31+47。这个猜想于 1742 年提出。

然而，2013 年，法国巴黎高等师范学院的哈拉尔德·赫尔弗戈特证明了一个相关问题：奇数哥德巴赫猜想。该猜想指出，大于 5 的奇数可以写成三个素数之和。如果哥德巴赫猜想得以证明，那么这个奇数猜想自然成立，因为你可以取一个由两个素数组成的偶数，然后加上 3 以得到由三个素数组成的奇数。但是赫尔弗戈特的证明方法不太可能帮助数学家去证明哥德巴赫猜想。因此，哥德巴赫最初的问题仍未解决。

5

π、φ、e和i

除了0和无穷大的错综复杂以及素数的不连贯性之外，某些数字之所以十分吸引人，是因为它们就在那里，神秘地存在于现实固有的结构中。在这一章中，我们将探索四个奇怪的、极其重要而又与众不同的闯入者。

π：最著名的比率

每年的 3 月 14 日，数学爱好者们都会庆祝圆周率日。Pi 或 π 使用的是希腊符号，它是普适的数学比例。Pi 被定义为圆周长除以直径，在几何中计算图形的表面积、面积和体积的数学公式都需要它。

但它在数学和物理上的影响却远不止这些。π 是一个重要的构件，例如，在傅立叶变换中出现，该变换在电子工业和其他地方被用来分解和分析波形。同时，它还出现在量子力学中的海森堡测不准原理中，也出现在阿尔伯特・爱因斯坦的广义相对论方程中，该方程描述了空间和时间本身的几何结构。在描述宇宙中事物工作原理时，我们也很难绕过 π。

π 的前几位是 3.14159265，但众所周知它并不止于此。π 是一个无理数，这意味着它的小数点后有无穷多个数字。一般情况下，我们并不会用到小数点后的所有数字：NASA（美国国家航空航天局）只使用了 π 小数点后大约 15 位数计算就将火箭发送到了太空，而要得到宇宙原子精度的精确测量只需要用到大约 40 位数。像寻找最大素数一样（见第 4 章），计算 π 数万亿位数的努力更像是一种荣耀，或是为了展示计算机的能力。

π 的无限长度可能意味着每一个你能想到的数字都隐藏在它的内部——你的出生日期、电话号码，甚至你的银行信息。使用一种能把数字转换成字母的代码，再在 π 中找到足够多的数字，我们就能写出《圣经》《莎士比亚全集》，甚至是所有写过的书。至少，从理论上说是可以做到的。

正态，非正态?

既然 π 可以编译出任何东西，那么它理应是一个“正态”的无理数，但我们还不知道它是不是。如果是正态的，那么数字 0 到 9 在其十进制表示中出现的频率应该相同。这意味着任何一位数字在 π 中出现的概率都是 10%，任何两位数字在 π 中出现的概率都是 1%，依此类推。

想找到莎士比亚作品所对应的大量数字的概率将变得十分小，但如果 π 是正态的，那么你最终会找到的。许多人对 π 的正态性很感兴趣，尽管不论用哪种方法证明这件事都不太可能对现实世界产生很大影响。

最新的成果是在 2016 年 11 月计算出 π 的超过 22 万亿位数字，这支持了 π 是正态的想法：从 0 到 9 每个数字都有 10% 的概率出现。但是，仅靠计算不能完全解决 π 的正态性问题——这需要数学的证明。22 万亿个数字似乎是一个很好的证据，但是这与 π 的无穷多位数字相比算不了什么。

无穷位数的 π

2016 年 11 月，经过 105 天夜以继日的计算，π 爱好者——彼得·特鲁布通过电脑最终计算出 π 的 22 459 157 718 361 位数。

特鲁布是一位研发专家，他的努力意味着小数点后又多发现了 9 万亿位数字，打破了前人于 2013 年创下的世界纪录。它需要一台配备 24 个硬盘驱动器的计算机，每个驱动器包含 6TB 的内存，用于存储计算过程中每个步骤所产生的大量数据。为了进行计算，他使用了一个名为伽马处理器的计算机程序，该程序由亚历山大·宜开发，可以免费在线获得。

亚历山大·宜上高中时就把开发伽马处理器作为一个爱好，现在他为芝加哥一家对冲基金公司工作。该软件使用所谓的丘德诺夫斯基算法来计算 π。这是一个非常复杂的数学公式，但是使伽马处理器真正有用的是它能够执行数万亿个数字的运算。亚历山大·宜将问题比喻为试图将黑板上长达1万亿位数的两个数字相乘，但这是行不通的。因此，他引入了许多新颖的算法来简化计算。

这不是第一次使用伽马处理器打破 π 的世界纪录，以前亚历山大·宜也做过。这一次的世界纪录完全出乎意料。他最早知道这件事是特鲁布给他发邮件，说自己打破了世界纪录的时候。

最终包含 π 的22万亿位数字的文件有将近9TB大小。如果把它打印出来，它将填满一个拥有几百万本藏书的图书馆，其中每本书有一千页。

π 随处可见……

π 在几何和数学中的核心作用意味着它将出现在各种神奇的地方。

……在空中

头顶上的星星启发了古希腊人，但他们可能从未使用它们来计算 π。1994年，英国伯明翰阿斯顿大学的罗伯特·马修斯将天文数据与数论相结合，计算了 π。马修斯利用这样一个事实：对于任何一个很大的随机数集合，其中任何两个数没有公因数的概率为 $6/\pi^2$。如果两个数字具有公因数，就意味着它们可以被同一个整数整除（不包括1)。例如，4和15没有公因数，而12和15具有公因数3。

马修斯计算了天空中100颗最亮的恒星之间的角距离，并将其转换为100万对随机数。其中约有61%没有公因数，因此 π 值为

3.12772，正确率约为 99.6%。

……在蜿蜒的河流中

回到地球，π 控制着从亚马孙河到泰晤士河的河流路径。河流的弯曲情况是由其弯曲度来描述的，弯曲度是蜿蜒的河流的长度除以从源头到海洋的直线距离。事实证明，河流的平均弯曲度约为 3.14。

……在书中

π 激发了一种棘手的创造性“约束”写作形式，称为圆周率文。它被称为诗，其中每行的连续单词的字母数是由 π 决定的。迈克·基思撰写的《Cadaeic Cadenza》是最费力的诗之一。它以下面几行作为开头：*One/A poem/A raven*。其每个单词的字母数依次对应于 3.1415 中的数字，并持续 3835 个单词的字母数。基思还用这种技巧写了一本 1 万字的书。

……在客厅

你可以用一些针和一张横格纸在家中计算 π。将针抛到纸上，然后计算针与线相交的概率。经过足够多的尝试，答案应该是针的长度除以两线之间的宽度，然后乘以 2/π。

这个问题被称为布丰投针问题，是由法国数学家布丰在 1733 年首次提出的。1901 年，数学家马里奥 · 拉扎里尼对这一理论进行了检验，他投下了 3408 根针，得到了 3.1415929，精确到小数点后六位。后来人们对他的结果进行检查发现，拉扎里尼可能篡改了数字，根据针的长度和线宽得出的答案是 355/113，一个接近 π 的近似值。

采访：迈克尔·哈特尔和 tau、π 的对手

迈克尔·哈特尔拥有加州理工学院的物理学博士学位，并且是网站开发作品《Ruby on Rails 教程》的作者。他说是时候消灭 π 了，因为他相信替代的常数可以做得更好。

π 有什么问题？

当然，虽然使用 π 有些问题，但 π 不是“错误的”。作为圆的常数，它只是一个令人困惑且不自然的选择。π 是圆周长除以其直径，此定义导致恼人的因子“2”。例如：需要设法向一个 12 岁的孩子解释八分之一的比萨饼（一片）的角度为什么是 π/4，而不是 π/8。

那么应该用什么来代替 π 呢？

2010 年，在我的《Tau 的宣言》（*The Tau Manifesto*）一书中，我建议使用希腊字母 tau，它等于 2π 或 6.28318……。Tau 是圆的周长与其半径之比，在整个数学中，这个数字以惊人的频率出现。

如果这个想法如此重要，为什么我们不做出改变呢？

数学家罗伯特·帕莱斯撰写的有关“π 是错误的”这个问题的文章中追溯了 π 的历史。300 年前，它就已被采用，但我认为这只是一个错误。这是历史长河中我们所做的错误选择之一。

使用 tau 难道不会毁掉像圆面积这样的公式吗？

恰恰相反。我在《Tau 的宣言》中指出用 tau 可以揭示使用 π 时所不能发现的数学关系。特别值得一提的是，著名圆面积公式是《Tau 的宣言》对 π 的致命一击。

过去有人成功更改过这样的符号吗？

在物理学中，有一个重要的量称为普朗克常数 h。随着量子力学的发展，$\hbar$ 很明显更为重要，它随处可见，$\hbar$ 等于 $h/2\pi$！尽管同时使用这两个符号，但现在 $\hbar$ 是标准符号。

你正与一个强大的敌人抗衡，因为 π 是一个受欢迎的常数……

这里有很多关于 π 的书，而且人们非常喜欢去背诵 π 的成千上万位数字。谷歌甚至为“圆周率日”更改了徽标。

人们在圆周率日这天为庆祝圆周率 π 吃馅饼。那么把 6 月 26 日作为 tau 的节日来庆祝，会如何？

如果你认为圆周率日的烘焙食物很美味，那就等着吧——Tau 日的馅饼是圆周率日的两倍！

φ：斐波那契和黄金比例

意大利数学家比萨的列奥纳多更为人知的名字是斐波那契，前面已经提到他是将“0”带到欧洲的人（参见第 2 章）。但是他最著名的是斐波那契数列，该数列是通过将前两项数字相加而得出下一项数字：1，1，2，3，5，8，13，21，34，55，依此类推。

斐波那契数列在自然界中随处可见。例如，一朵花的花瓣数往往存在于斐波那契数列之中。这种奇怪的生命数字可以追溯到生长枝条顶端细胞的动态行为：“原基”——构成植物有趣特征的微小细胞群排列成相互渗透的螺旋状。这种模式的数学运算不可避免地会产生斐波那契数。

斐波那契数列是一个完备数列的例子。任何正整数都可以表示为数列中某些项的和，并且数列中的数只使用一次：例如，4 是 1+1+2。但是如果计算后一项与前一项之比，随着数列项数的增加，你会发现这个数越来越接近一个特别的数字，它的前几位是 1.618。

这个神秘数字就是赫赫有名的黄金分割，用希腊字母 phi 或 ϕ 表示，它在很多地方都会出现。尝试绘制一条连接规则五边形两个角的对角线，用这条线的长度除以五边形的边长，然后就得到了黄金分割数。一个等边三角形也有类似情况。通常，如果你可以找到两个数，一个较小的数字 A 和一个较大的数字 B，使得 B 与 A 的比率和 $A+B$ 与 B 的比率相同，则该比率始终是黄金比率（见图 5.1）。

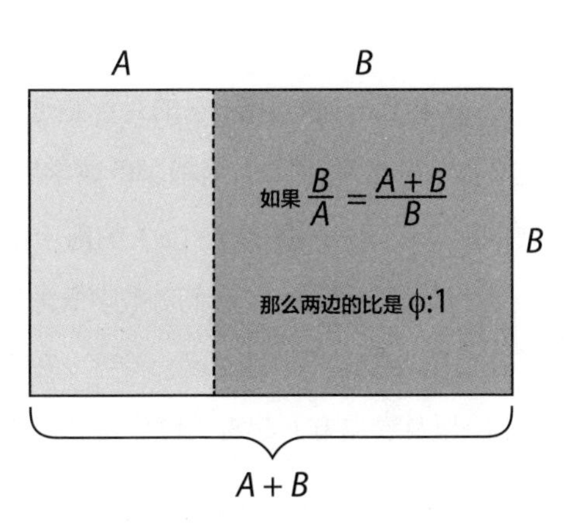

图 5.1　从美学观点上说，符合黄金比例 ϕ 的形状能够给人带来美感，让人赏心悦目

如果你在网上搜索黄金比例，你就会被古希腊建筑和人脸是如何展示这种比例的信息所淹没，人们会发现它在美学上非常令人愉悦。但这里的证据是模糊的。人体有成千上万种不同的比例，对有些人来说，这些比例中有的似乎接近黄金比例。显然，古希腊的数学家和建筑师知道黄金分割，但遗留下来的遗迹已碎裂，而且有许多不同的比例，如果你真的想要找到黄金比例，你需要很努力地寻找才行。

关于这类问题的研究要求受试者观看一些包含黄金比例的艺术品和一些不包含此比例的艺术品，以评估它们在美学上令人愉悦的程度。目前还不清楚这种判断是否真的基于这种比例，即使是，这种联系是后天习得的，还是先天的呢？不管如何，黄金比例一直都很漂亮。

e：指数和对数

2004 年，谷歌宣布，它的目标是通过首次出售股票筹集 2 718 281 828 美元。这个数字如此精确令人困惑，但数学家们会意地点点头。该数字是数学中最重要的数字之一——欧拉数（e）的前十位。

e与 π 一起改变了我们对数字概念的理解。这两个数字都以各自的方式存在，并在自然界中时不时地出现。数字 e 在描述事物如何繁殖或增长（例如，金钱和人口）以及衰退方面起着关键作用。例如，它出现在表征放射性衰变的方程式中。

e 和复利

正如瑞士数学家雅各布·伯努利首次指出的那样，e 和复利欧拉数在事物的增长过程中起着关键作用。

将 1 英镑存入银行。如果年利率是 100%（如果有的话），那么一年后，你将有 2 英镑。这很简单。但是，如果多次有规律地存取计算后收益会如何呢？举例来说，假设你的银行在六个月后计算了利息，并付给你 50% 的利息，将你的 1 英镑变成 1.5 英镑。然后，在年底，你又获得了 50% 的收益，即 2.25 英镑——这增加了一点点。

继续同样的逻辑，如果每月进行复利，你将得到 2.61 英镑。如果是每天，你会得到 2.71 英镑。但是，无论复加速度有多快，你都不会超过 2.718281828……（e）。

数字 e 于 1683 年在英国数学家约翰·纳皮尔和威廉·奥格特雷德关于“计算尺”的研究中首次出现。计算尺是在计算器出现之前，用来做大数乘法的便捷设备。瑞士数学家雅各布·伯努利通过研究银行账户由于利息随年增长的方式，重新发现了 e（请参见上文的“e 和复利”）。但是，18 世纪瑞士天才莱昂哈德·欧拉的工作真正将 e 置于数学宇宙的中心。

这个数字 e 的值是 2.718281828……，但是它的数学定义令人难以捉摸。一种定义是当 n 趋近于无穷时，它作为表达式（$1+1/n$）n 的结果出现。欧拉证明了 e 的真正意义在于它与一种叫作求幂的数学运算相关联。求幂运算与加法、减法、乘法和除法一样，是组合数字的基本方法。它被写成 a^b，其中 a 是底数，b 是指数，对于整数而言，取幂很容易定义：例如，4^3 是 4 乘以它自身 3 次：$4\times4\times4=64$。但对于不是整数的情况，定义求幂就不是那么显然的事情了，比如，什么是数字乘以它自身 π 次呢？

取幂的逆运算称为取对数。比如 4^3 是 64，那么 64 以 4 为底的对数是 3；类似地，以 10 为底 100 的对数是 2，因为 $100=10^2$。在事物按指数规律增长时，对数提供了一种易于处理的计算方法。在和现实有关的求幂公式中，e 是自然出现的，因此计算以 e 为底的对数更容易，所以这种对数叫作自然对数。

欧拉及其等式

莱昂哈德·欧拉于 1707 年出生于瑞士巴塞尔，是一个博学的人，他撰写的著作涉及行星轨道、弹道学、造船、导航和微积分。但是，最让人印象深刻的是他是数学分析的先驱，他的见解确立了这个学科的方向。

最引人注目的是，他证明了公式 $e^{i\pi}+1=0$。该表达式已成为对数和求幂运算理解的中心，并以其将数学的五个基本常数——0、1、e、π 和 i（−1

的平方根）结合在一起的漂亮方式而受到赞誉。

据说，19 世纪的美国数学家本杰明 · 皮尔斯在一次报告中讲解了这一等式的证明之后，告诉听众："先生们……这绝对看起来是自相矛盾的；我们无法理解它，我们也不知道它意味着什么。但是我们确实证明出了它，因此我们知道它是正确的。"诺贝尔物理学奖得主理查德·费曼将其称为"数学上最杰出的公式"。

超越数

e 和 π 都是超越数的例子，这一类型的数字正好与日常使用的整数 0，1，2，3，4 等相反，具有令人困惑的复杂性。

超越数不能写成分数形式，因为它是无理数。它不能通过普通的整数算术运算而得到整数。你可以按照自己希望的那样操作，将一个超越数与自身相乘多次，然后用得到的数任意地合并，最后以任何你想要的方式除以或乘以整数，但是最终，你永远也无法回到整数这个熟悉的领域中。

几个世纪以来，根本没有人会想到竟然有如此奇怪的数字。古希腊人认为，所有的数字都可以通过整数之间简单的除法得到。据传说，公元前 500 年左右，当希帕索斯（毕达哥拉斯的得意门生）证明了某些数字（如 2 的平方根）不能写成分数形式时，毕达哥拉斯学派的同事们非常愤怒，以至于他们因为这个异端邪说把他淹死了。

但是像 2 的平方根这样的无理数与超越数相比就显得平淡无奇了。根据定义，2 的平方根乘以它本身等于 2，所以我们只要通过一步运算就能得到整数。1844 年，法国数学家约瑟夫 · 刘维尔发现了第一个坚不可摧的超越数，尽管这个想法源于欧拉的早期工作。

如果不是另一位法国数学家查尔斯·埃尔米特在1873年证明了e是超越数，超越数可能会一直被视为稀罕物。接下来的十年之内，π 也被添加到超越数中。后来，集合论学家格奥尔格·康托尔发出了惊雷般的言论：超越数是有意义的奇怪的数字，它们绝非少量。事实上，超越数的数量远远超过非超越数。

康托尔的工作具有深远的影响。这意味着，人类大脑和计算机能够处理的数字范围——那些很容易从整数中推导出来的数字——只是数字宇宙中极小的一部分。围绕在熟悉的整数和分数周围的是一个无限大的超越数集合——数字宇宙的“暗物质”。

i：虚数

超越数或许已经足以把你带入另一个境界，但那些完全虚构出来的数字呢？数学的基本规则是两个正数相乘得到正数，两个负数相乘得到正数。哪个数可以自己相乘得到 −1？答案：虚数。

至少从16世纪开始，虚数就潜伏在数学中。当几何学家们研究带有 x^2 或 x^3 方程的解时，它们突然出现了，其中一些似乎涉及负数的平方根。1637年，勒内·笛卡尔首次将这些数字称为“虚数”。他的思想被人打压，但是虚数以及他对虚数的描述，继续存在着。18世纪，虚数开始被表示为i的倍数，其中i是 −1 的平方根。

i不是一个“真实的”可以计算并测量的数字。你无法算出它是否能被2整除，是否小于10。虚数不能在常规的数轴上表示，所以数学家们把它们放在另一条独立的直线上，这两条直线相交于0（见图5.2）。这些直线被称作坐标轴，这使得“复”数——由实部和虚部组成的数——可以便利地表示二维空间内变

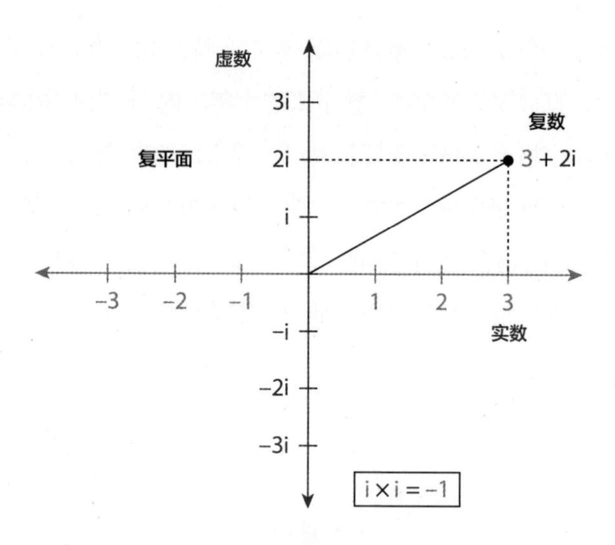

图 5.2 复数位于二维“复平面”上，其中包含实数和虚数，虚数的单位是 -1 的平方根，即 i

化的事物。在几何里，它们出现在三角函数中；在物理学中，它们提供了一种简洁的方式来描述旋转和振幅。电气工程师在设计交流电电路时也经常使用它们，在描述光波和声波时，它们也很有用。它们也成为微芯片设计和数字压缩算法的重要工具，用于传输和再现图片和音乐。

更重要的是，它们被用在波函数中，这是对量子力学中粒子的数学描述。确切地说，它们概述了一种思想，即事物可以同时处于两个地方或两种状态。这些特征由一系列复数来描述，这些复数描述了量子粒子具有特定属性（如位置或动量）的概率。尽管现实世界中对类似光波这样的东西用实数描述很容易实现，但是纯粹的实数数学却不能为描绘模糊的量子世界提供所需的工具。

事实上，“实数”和“虚数”都是抽象概念。我们可能更熟悉 5 而不是 5i，但在现实世界中，这两者都不是单独存在的。这给了数学家们一定的创造空间。

1843 年，爱尔兰数学家威廉·汉密尔顿为 −1 的平方根发明了额外的解，他称为 j 和 k。他在此基础上创造的四维数，即四元数，被用在一些电脑游戏中对 3D 旋转进行编码。

如果你遵循同样的数学逻辑，就没有理由止步于此。今天，八元数增加了一个额外的七维虚数，而很少使用的七元数提供了将总维数增加到 15 的选项。那里就纯粹是一个想象的世界了。

6

概率论、随机性和统计学

我们生活在一个不确定性的世界，在这里，数字可以帮助我们理解事物，如果我们能理解数字，那就理解了这个世界。概率论和统计学的世界充满了反直觉的结果，粗心的人会被误导。

如何思考概率论

概率论的基本思想很简单，它衡量某件事情可能发生或者不可能发生的概率，并为其分配从 0 到 1 的概率值，其中 0 表示不会发生，而 1 表示一定会发生。换句话说，概率值通常表示为 0 到 100% 之间的百分数。但是，除了这些简单的事实之外，我们所有普通人都会在概率相关问题方面犯错，而且有可能会犯很严重的错误。不仅我们会犯错误，即使是纯粹的数学家也声称概率论中有诸多无法理解的答案。

以一个有 25 个学童班级的经典问题为例。这个班中有两个同学的生日是同一天的可能性有多大？直觉的、常识性的答案是不太可能，然而这个答案却是错的。

在揭晓答案之前，让我们看一下著名的蒙蒂·霍尔问题，该问题是以美国电视节目《让我们做个交易》前主持人的名字命名的。你正在玩一个游戏，其中有三扇门，一扇门后面藏着汽车，两扇后面藏着山羊。你选择一扇门，然后游戏的主持人打开另一扇门，露出一只山羊。假设你希望赢得汽车而不是山羊，你应该坚持原来的选择还是调换呢？质朴的答案（这并不重要）是：你现在有 50∶50 的概率用原来的门来碰运气。可这也可能是错误的（见图 6.1）。

但是，如果概率论使专家们都感到沮丧，那么我们该如何理解它呢？华威大学的数学家伊恩·斯图尔特说得很简单：用冷酷无情的方式做事。这意味着不要追随你的直觉，仔细思考问题，努力给出你的概括总结。

对于生日问题，首先要认识到你所关注的不是单个学童，而是一对学童。在一个 25 人的班级中，你需要考虑一年内，300 对学童中有一对在同一天过生日的可能性。你最终需要计算一系列真正的天文数字才能得出答案，而实际

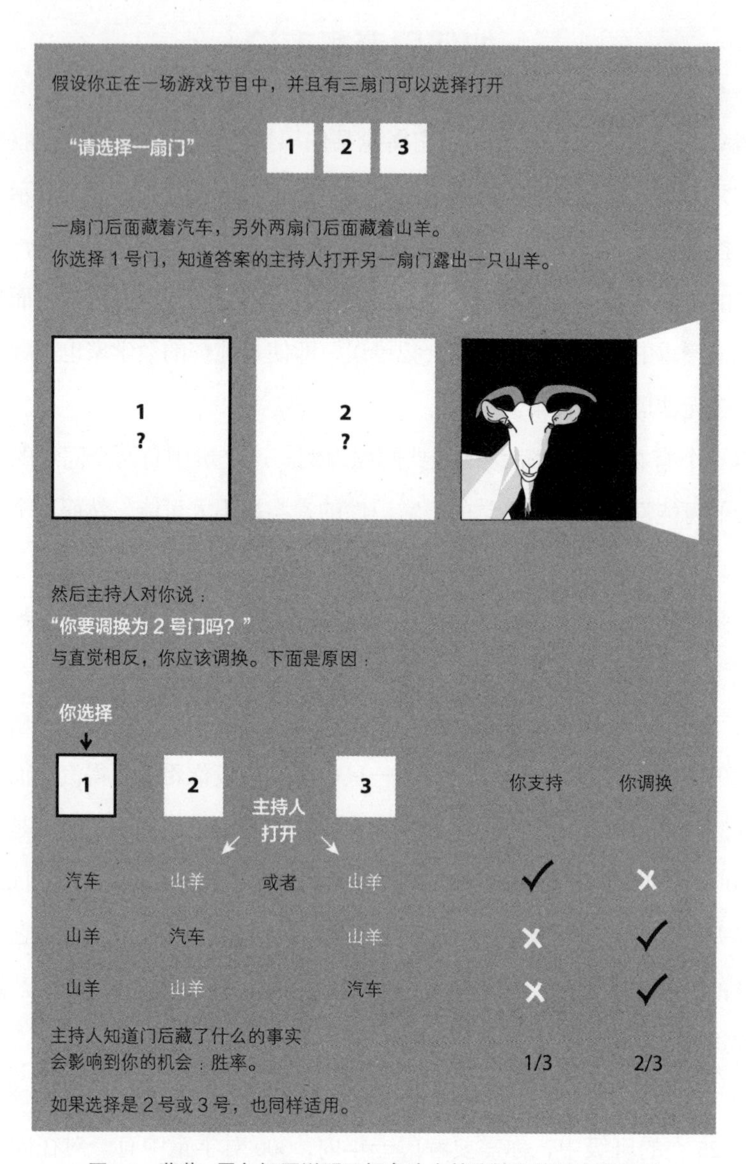

图 6.1　蒙蒂 · 霍尔问题说明了概率论中某些结果的反直觉性质

上，这个答案还接近 57%。换句话说，两个孩子很可能在同一天过生日——这对我们的直觉来说是一个重大的失败。

同时，对蒙蒂·霍尔问题，你首次选择正确门的机会是 1/3，而这不会改变之后发生的一切。汽车也有 2/3 的机会藏于其他两个门后面，由于主持人已经在其中一个后面找到了山羊，所以现在有 2/3 的概率仅适用于另一扇未打开的门。因此，最好还是调换一下。

有几个注意事项：如果主持人不诚实，只是打开一扇门，而你又在第一时间选择了正确的门，当你调换选择后，你会变疯的。如果你想要山羊而不是汽车，推理过程与此类似。英国布莱顿萨塞克斯大学的数学家约翰·海格说，这说明了概率的另一个重要规则，了解你的假设非常重要，非常细微的变化都可以改变结果。

当问题界限清晰，且结果可量化时，所有这些都变得很好处理了。投掷一枚质量均匀的硬币，你知道有 50% 的机会得到硬币的正面——因为如果有必要，你可以一遍又一遍地重复这个实验。

但是，如果知道今天下雨的概率是 50%，或者一匹马赢得比赛的概率是 50%，又会如何呢？任何专家的建议都无法帮助我们评估这种“主观”概率的真实价值，这些概率是不稳定的，并且通常基于难以理解的专业知识或无法预测世界的复杂模型。这就暴露了概率论中一个经常被忽视的事实：没有一种公认的方法来计算它。

频率论概率和贝叶斯概率

在酒吧里，我们玩抛硬币的游戏。正面，我付钱；反面，你付钱。免费得到一品脱酒的机会是多少呢？大多数人（至少清醒的人）都会同意：各 50%。

然后，我将硬币轻抛并接住，但将其藏在手掌中。你现在免费喝啤酒的概率是多少？有两个答案：（1）仍然是 50%；（2）给已经发生的事件分配概率值是没有意义的。你倾向于选哪个答案，将表明你在一场 250 年前关于概率论和统计学本质辩论中所处的位置，这个辩论是频率论统计学与贝叶斯统计学之间的争论。

在不了解全部事实的情况下得出结论是统计学的主要工作。一个国家有多少人支持大麻合法化？你不可能去询问所有人。夏季变热是自然变化的结果，还是一种趋势？人们没有办法对未来做出明确的预测。

此类问题的答案通常带有一定的概率。但是这个概率值掩盖了两种不确定性之间的关键区别：我们未知的和我们不可知的。不可知的不确定性是在现实过程中产生的，过程的结果似乎是随机的：骰子如何滚动，轮盘会停在何处，放射性样品中哪一个原子会衰减。这就是频率论概率的世界：如果掷出足够多的骰子或观察到足够多的原子衰减，则可以对不同结果的概率有一个合理的认识。

未知的不确定性会更加复杂。这里起作用的是个体的无知而不是普遍的随机性。新受孕婴儿的性别或未来赛马的获胜者就是例子——未知的不确定性是那些博彩公司所钟爱的。

严格的频率论者并不关心未知的不确定性，或者说频率论者只关注从可重复的实验、随机数生成器、随机人口抽样调查以及类似操作得到的概率测量。与此同时，贝叶斯统计并不惧怕使用其他“先验知识”（例如，从过去的比赛中收集到的有关马匹形态的知识）来填补信息的缺口。

酒吧里的硬币游戏揭示了这两种观点的分歧。在抛硬币之前，频率论概率和贝叶斯概率是一致的：50%。轻抛之后，不确定性的来源由内在的随机性变为个人的不确定性。如果你倾向于贝叶斯的工作方式，你可能会采用概率值50%，或者对方脸上一丝胜利的微笑可能会降低你的心理预期。贝叶斯论的拥护者试图通过将所有相关信息作为依据来回答问题，即使某些有贡献的证据来自主观判断。

贝叶斯论的争议

贝叶斯论的名字起源于英国数学家、长老会牧师托马斯·贝叶斯（1702—1761），在他去世两年后，即1763年发表的一篇论文中，提出了一种解决基本难题的新方法：当信息不完整时，如何从观察到的现象逆向思考，找出内在原因。

设想你有一个盒子，里面装了12个甜甜圈，一半是奶油的，一半是果酱的。计算连续取出5个果酱甜甜圈的可能性相对简单，但比较棘手的是反过来问问题：你刚从一个未知盒子中取出了5个果酱甜甜圈，要你算出这个盒子中可能装了什么。贝叶斯的创新是提供一个数学框架的思路，使你可以从一个猜测开始（也许你以前从一家商店购买了几盒甜甜圈），并在得到更详尽的数据后对结果进行完善。

18世纪末和19世纪初，贝叶斯的方法帮助我们解决了一系列高深莫测的问题，从估算木星的质量到计算全世界每个女人生出男孩的数量。但大数据时代来临后，它便逐渐失宠。从改进的天文观测法到新发布的死亡率、疾病和犯罪统计表，都更加客观且令人放心。相比之下，贝叶斯的猜测方法似乎过时得无可救药了，而且相当不科学。由于频率论概率强调对随机实验结果进行冷静的数字处理，因此变得越来越流行。

20世纪初，量子理论出现了，它以频率论概率的语言重新表达了现实世界，进一步推动了概率论的发展。统计学中的两种思路逐渐分为两个学派，各自的支持者将工作成果提交给自己学派的期刊，参加自己学派的会议，甚至组建自己学派的大学院系。

这些学派支持者的情绪总是太高涨。《不会死的理论》的作者莎伦·伯特希·麦格雷恩回忆说，当她开始研究贝叶斯论的思想史时，一位支持频率论的统计学家痛斥她试图使贝叶斯论合法化。相应地，一些贝叶斯论的支持者出现了被迫害妄想症，一些则出现了宗教狂热症。

这不仅仅是一个只有内行人才懂的问题。宾夕法尼亚州匹兹堡卡内基–梅隆大学的拉里·沃瑟曼认为，频率概率论与贝叶斯概率论的辩论影响着每个人的生活。由于使用不同的方法对结果进行分析，制药公司对新药的测试可能得出截然相反的结论。同样，陪审团在听取了频率论和贝叶斯论的证据后可能会做出不同的决定。

各有所长

频率论方法和贝叶斯论方法都有其优点和缺点。在数据量不足、重复试验机会很少的情况下,贝叶斯方法在尽可能多地使用信息方面有优势。1987年，在邻近的一个星系中，人们观测到大麦哲伦星云发生了超新星爆炸，这为验证长期以来超新星爆炸中的中微子流的理论提供了一次机会，但探测器只发现了24个粒子。数据不足，频率论方法失效了。但灵活的、能够借鉴其他相关信息的贝叶斯方法，为评估中微子流不同理论的优劣提供了一种理想的方案。

扎实的理论为进行贝叶斯分析提供了很好的先决条件。如果不存在这些理论，贝叶斯分析很容易出现“错进，错出”的情况，这正是法院对采用贝叶斯分析保持警惕的原因之一，虽然表面上看贝叶斯方法是综合从各种来源获得证据的理想方法。1993 年，法院使用贝叶斯统计方法来裁定新泽西州亲子关系案件。法院要求陪审员使用自己的先验来判断被告人是不是该孩子的父亲，这就导致每个陪审员对被告人是否有罪的评判不一。

要想获得良好的先验可能需要你的知识储备达到近乎不可能的深度。例如，研究人员在寻找阿尔茨海默病的病因时，可能要测试 5000 个基因。使用贝叶斯方法意味着要为每个基因的可能性提供 5000 个先验，如果人们想寻找每一对基因共同作用的影响，就还要再加上额外的 2500 万个先验。从这样一个高维问题中产生一个合理的先验几乎是不可能的。

公平地说，在没有任何背景信息的情况下，采用标准频率论方法筛选无数微小遗传效应的方式很难让真正重要的基因和基因组浮出水面。但这也许是一个比想象出 2500 万合乎逻辑的贝叶斯猜测更容易的解决办法。

一般情况下，当丰富的数据能以最客观的方式表述时，频率论方法都能很好地处理。一个明显的例子是 2012 年位于瑞士日内瓦的欧洲核子研究中心完成的寻找希格斯玻色子的工作。分析小组断定，与现实世界中没有希格斯玻色子相比，在 350 万个假设的重复试验中发现只有一个符合预期的数据模式非常令人惊讶，这几乎是不可能的，以至于团队认为有希格斯玻色子的宇宙更合理。

这一措辞似乎有些令人费解，但它凸显出了频率论的主要弱点：频率论通过对所有未知的不确定因素置若罔闻，将自己束之高阁。希格斯玻色子要么存在，要么不存在，任何数不清楚的原因纯粹是由于信息缺乏。一个严格的频率学家实际上不能对其存在或不存在的可能性做出直接的陈述——正如欧洲核子研究中心的研究人员所小心避免的那样（尽管某些媒体和其他人员不受限制）。

一对一的比较研究可能会造成人们的混淆。如 20 世纪 90 年代，对两种心肌梗死药物——链激酶和组织纤溶酶原激活剂——进行的临床试验就曾引起争议。首先，频率论分析给出临床试验研究“p 值”为 0.001，它似乎表明，更多的患者使用了新的、更昂贵的组织纤溶酶原激活剂治疗后存活下来。这相当于说，如果两种药物的死亡率相同，那么统计分析数据就应与观测结果一样极端，每 1000 次重复试验中只出现一次新药不如旧药的情况。

这是什么意思？并不是说研究人员对这种新药有 99.9% 的把握——尽管人们经常这样解释。当另外的研究人员利用先前的临床试验结果作为先验重新进行贝叶斯分析时，他们发现新药比旧药仅具有 17% 左右的优势。剑桥大学的统计学家戴维·斯皮格哈特说，贝叶斯论的真正价值在于它直接回答了人们感兴趣的问题有多大可能是真的。“谁不想知道这个呢？”

有时，把贝叶斯论和频率论结合在一起可以创造新的方法。在大型基因组学研究中，贝叶斯分析可以利用这样一个事实，即一项测试 2000 个基因效果的研究几乎就像 2000 个平行实验，利用一些分析结果对分析进行交叉验证，确定其他分析的先验条件，以完善频率论分析的结论。

随机性

我们利用概率论来理解随机现象，其中任何一个事件的结果是预先不可知的。同样，抛硬币是一个经典的例子。任何一次轻抛，得到硬币正面或反面都是随机的，我们无法知道任何一次的结果。但是，随着时间的推移，通过观察大量硬币的抛掷，我们可以得到问题的答案：很明显，对于一个均匀的硬币而言，有 50% 的概率得到正面，同样的概率得到反面。

许多自然现象是随机的，而问题是我们的大脑并不是随机的。我们生来就具有发现和归纳总结处理问题的能力。这对于生活在非洲热带草原上的人们来说，在食肉动物发现他们之前先发现食肉动物是有必要的。但是当我们处理随机现象时，这就会阻碍我们。这也使得我们自己很难产生随机性。真正的随机性是有用的，例如在加密的安全密钥以及计算、科学建模和设计等许多领域。如果想要得到真正的随机性，我们必须找到一种生成随机数的方法。

例如，我们可以使用抛掷硬币来产生 1 和 0 的随机字串，但这是一个乏味的过程，系统的影响（例如硬币的轻微附加物）可能使结果不是真正随机。第一个用于占卜和赌博的骰子是在每一面刻有数字的绵羊脚后跟的六面骨头。这种形状使一些数字比其他数字更有可能出现，这为那些理解这种形状性质的人带来了决定性的优势。对随机数发生器可靠性的怀疑仍然存在于现代类似于赌场骰子、轮盘和彩票球等中。

现代随机数生成器使用一套从较小到不可预测的输入范围中“结出”一个看似随机输出的算法：使用日期和时间来确定从像 π 这样的无理数所构成的随机数字字符串中提取哪些数字，然后从那里开始操作。问题是，这样的“伪随机”数字受到输入的限制，并且在一定时间后往往会非随机地重复。如果你看到足够多的数字，这种方式就是可以猜测的。

另一种选择是将计算机连接到物理的“真实”随机源。20 世纪 50 年代，英国邮政局想要通过一种方法来产生大量的随机数字，以挑选其高级债券彩票的赢家。这份工作落到了开创性巨型计算机设计师的身上，该计算机的开发旨在破译纳粹德国的战时密码。他们创造了电子随机数指示设备，利用电子通过霓虹灯管的混沌轨迹来产生随机定时的一系列电子脉冲，从而产生一个随机数。电子随机数指示设备现在已经迭代到了第四代，目前的设备是依靠晶体管的热噪声来产生随机数。许多现代计算应用程序也使用类似的源，这些源是通过芯片上的生成单元收集的。

还有两个问题。首先，从理论上讲，只要拥有足够的计算能力，任何人就都可以重现创造随机数的经典物理过程。其次，更现实的问题是，基于物理过程的随机数生成器往往无法足够快地产生随机位。

许多系统（如苹果公司使用的基于 Unix 的平台）通过将芯片上随机发生器的输出与“熵池”的内容相结合来解决第一个问题。其中的“熵池”包括其他随机贡献，它可能是从连接到计算机的设备中的热噪声到用户敲击键盘随机时间的任何事件。然后使用“哈希函数”组合这些分量，生成单个随机数。哈希函数在数学上等同于将墨汁搅入水中：在给定函数输出数值的情况下，尚无已知方法可以计算出输入是什么。这并不意味着将来不可能存在，而且仍然存在速度问题。解决办法通常是仅将物理随机数生成器作为生成更丰富流程的程序种子。

但程序意味着规则。它的输出不可能是真正随机的，一般而言是可以被知道其代码的人猜到的。随机数生成器程序的使用方法的的确确是专有的，但在 2013 年，安全分析人员担心，美国国家安全局可能会破解依赖于 Dual_EC_DRBG 生成器的加密，因为它知道这种生成器的内部工作原理。如果你只是在玩网络游戏，这不是个大问题。但当你正在进行价值数十亿美元的金融交易或加密敏感文件时，如果被监视就是一件大事了。

量子随机性

一些研究人员认为，只要我们依赖经典世界，就永远不会有不可破解的随机性来源。在这里，随机性不是内在的，而是取决于谁拥有什么信息。为了获得更安全的加密，我们必须转向量子物理学。在量子世界中，事情确实看起来是随机的。

替代抛硬币，你可以问光子击中半镀银镜子后是穿过去了，还是被反射了；替代掷骰子，你可以呈现一个具有六个电路供选择通过的电子。

目前确实存在利用量子理论的多变性构建更安全通信的密码系统。但在安全方面它们并不是完美的。实现量子随机性总是涉及对设备、测量方法等做出非随机选择，在某些方法中使用光子探测器的效率不高，这也为非随机性提供了后门。

一种仍在研究中的方法可能放大量子随机性，以使你拥有任何人都无法破解的安全性。从理论上讲，存在将 n 个随机位转换为 2^n 个纯随机位的方法，还可以对位进行清洗以消除由创建它们的设备引起的任何相关性。剩下的问题是如何将这些方法付诸实践。

谎言与偏差

1946 年，英国流行病学家奥斯汀·布拉德福德·希尔进行了第一批医学临床试验，将参与者随机分为两组，一组接受治疗，而另一组则没有。其中一项试验测试了链霉素治疗结核病的有效性。布拉德福德·希尔本人在第一次世界大战中服役期间曾得过这种疾病。

仅仅六个月后，结果便令人信服，链霉素成为治疗结核病的标准方法。1950 年，布拉德福德·希尔与理查德·多尔一起率先倡导使用统计方法，以提供令人信服的证据，证明吸烟与肺癌之间存在因果关系。

从最新特效药物的试验到希格斯玻色子的发现，如今人类知识的突破性进展已离不开统计推理。随着这些知识被更多的人知道，我们越来越期望可以根据统计数据进行决策。

人类的健康是一个特别令人担忧的领域，它不仅仅吸引了花哨的基于统计的新闻标题：常见生活方式的某些因素使罹患某种形式癌症的可能性增加了50%，或者某些神奇疗法将其减少了类似的百分数。即使这些统计数字是正确的，但错误的解释也会使我们对它们的判断蒙上阴影。例如，我们经常读到一份准确性是某某程度的测试，除非我们也知道该测试的假阳性率，否则它就是一个毫无意义的数字（见图 6.2）。如下面的例子所示，还有许多其他方式可能导致统计信息不完整或不合理。

比率偏差

下面两种情况哪个更令你担心：被告知癌症杀死了 100 人中的 25 人，还是杀死了 1000 人中的 250 人呢？你可能会说这是一个愚蠢的问题，这两种说法都意味着四分之一的人死于癌症。但是，在不留神的情况下，我们更倾向于做出第二条陈述具有更大风险的判断。

在一项关于“比率偏差”效应的研究中显示，人们认为“每 10000 人中 1286 人死于癌症”要比“每 100 人中 24.14 人死于癌症”的风险高，尽管第二个的风险几乎等于第一个的两倍。同样，与每年死于同一疾病的 36500 人相比，每天死于某种特定癌症的 100 人被认为具有更低的风险，尽管两者是等同的陈述。

因此，当面对风险问题时，我们需要仔细研究数字的表示方式。而且，如果我们要比较风险的大小，还需要确保它们是除以相同的数字。

你刚刚被诊断出患有一种罕见疾病，患病的概率为万分之一。该测试的准确性为 99%。是有希望的还是该绝望?

■真阳性　　■假阳性

在 10000 人中，平均有一个人会得这种疾病，且他们测试也将呈阳性。

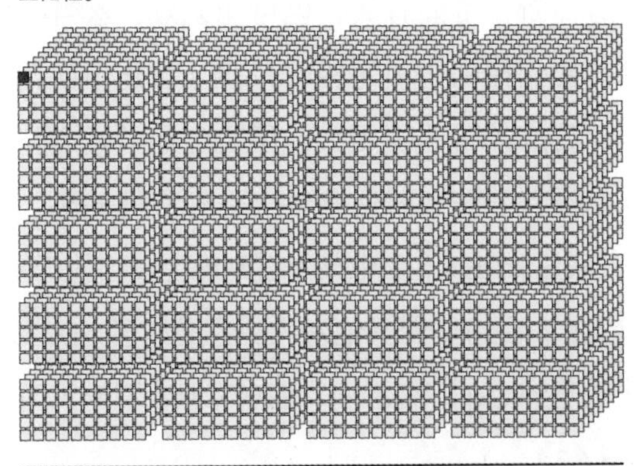

如果测试的准确率只有 99%，那么其余健康人群中的 1%也将测试呈阳性。

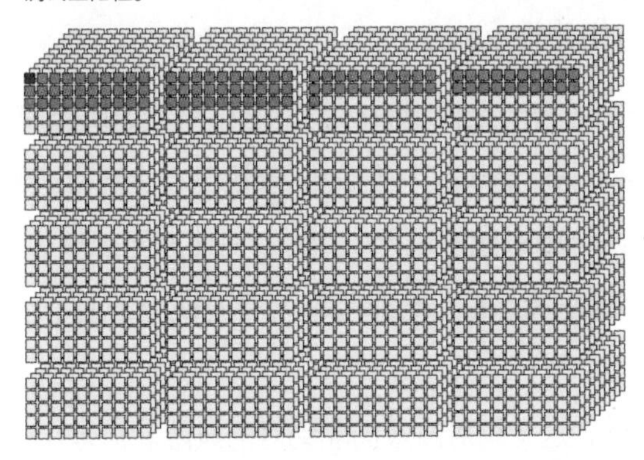

因此，在其他所有条件都相同的情况下，如果你测试呈阳性，那么你有超过 99%的可能性不会患上这种疾病——是有希望的。

图 6.2　筛查测试中的假阳性可能导致你对患病可能性的错误评估

相对风险与绝对风险

英国的《太阳报》2007 年题为《劣质猪肉使人丧命》的文章中很好地再现了相对风险与绝对风险的区别，即每日吃熏肉三明治会使患肠癌的可能性增加 20%。这种断言可能有效，也可能无效，这当中隐藏着一个令人困惑的潜在根源。他们倾向于引用相对风险：沉迷于所谓的危险物质或活动与不沉迷相比，得病的可能性更大。但是他们并没有告诉你绝对风险增加了多少，所以你没有办法判断这些数字是否值得关注。

对一个普通人来说，在其人生中某个时刻患上肠癌的概率约为 5%。因此，肠癌的相对风险增加 20% 意味着其绝对风险也增加了，从 5% 变为 6%——仅增加了 1%。这个数足够大，不容忽视，但对喜欢每日吃熏肉三明治的人而言，威慑力较小（见图 6.3）。

因果关系与相关性

2010 年，一项名为“电视观看时间与死亡率”的研究成了头条新闻。这个项目调查了 8800 人，询问了他们的健康状况、生活方式和看电视的习惯，然后在接下来的六年中对他们进行了跟踪。在此期间，284 人去世。研究发现，每天看电视四个小时以上的人比那些每天看电视少于两个小时的人死亡风险高 46%。

你已经注意到，这是相对风险而非绝对的风险。但是在这种情况下，两个变量串联（相关）移动并不一定意味着一个变量的变化导致另一个变量的变化（因果关系）。要确定看电视是否存在使人们更容易死亡的内在因素，还需要做更多的工作。同时，还有其他潜在的解释，也许是更合理的解释。例如，患有某些潜在健康问题的人喜欢长时间坐着或者躺着，坐着或躺着的地方也许正好

“未满 30 岁的人患上肠癌的比例飙升了 120%”

每日邮报，2009 年 3 月 31 日

+120%

2006 年，英格兰和威尔士有 137 个 30 岁以下的人被诊断出肠癌，而 1997 年为 63 例。

137：肠癌病例

约 2000 万：
未满 30 岁的人数

2008 年 8 月 27 日
福克斯新闻

“白人的喉癌在 30 年内上升了 400%”

美国每年诊断出食道腺癌的白人男性百分比

国家癌症研究所杂志
第 100 卷第1184 页

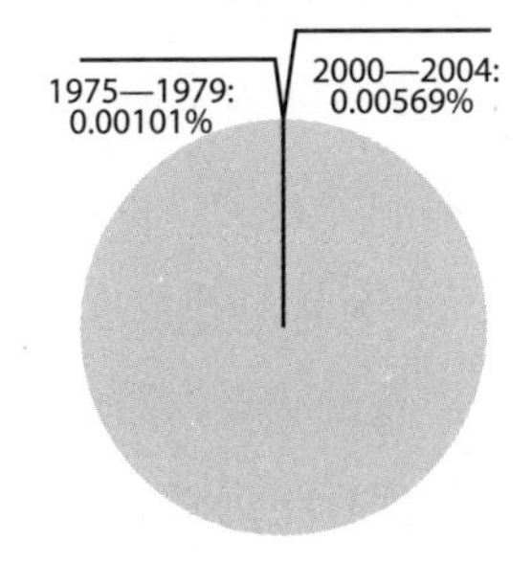

图 6.3　相同数据的不同呈现方式会极大地影响我们对风险的感知

在电视前，而那些健康问题可能导致提升早逝风险。

在分配因果关系之前，体会言外之意是非常有必要的。奥斯汀·布拉德福德·希尔在其开创性的统计研究方法中确定了关键问题：是否还有其他方法可以解释我们面对的事实，并且这种解释是否有可能与因果关系一样或比它可能性更大？答案必须是响亮的“不”。

统计学意义

“超过 80% 的女性表示，这种洗发水可使她们的头发更健康更亮丽。”这种说法在各种消费品广告中都很常见。他们可能不会告诉你的是，只有五名女性测试了该洗发水。在证实其具有神奇效果的四人中，有一到两人纯粹是偶然用一下，或仅仅想象了一个使头发变得更好的结果。

类似的警告也适用于医学治疗效果。10 个病人治愈 6 个的治愈率是有希望达到的。500 人中治愈 300 人虽然与前面有相同的治愈率，但却更有说服力。剑桥大学统计学家戴维·斯皮格哈特说，测试中的样本数量对于判断“明显的改善是否仅是偶然现象”是至关重要的。

临床试验的标准程序是早些年前奥斯汀·布拉德福德·希尔建立起来的：新药物的治疗测试在随机对照试验中进行，在试验中，志愿者被随机分配到接受新疗法的研究组中，或被分配到接受安慰剂或现有治疗方法的对照组中。药物的预期效果越弱，你需要的测试人数就越多。即便如此，一种无效的治疗也有可能仅仅由于偶然性而标记为你想要的结果，这正是药物许可机构通常不把单个研究作为批准新药的充分凭据的原因之一。

下次你听到公众对特效疗法或神奇洗发水的赞誉时，请提出三个问题：它测试了多少人？是否在随机对照试验中测试过？结果是否通过独立的二次测试确认？

存活率和死亡率

纽约市前市长鲁迪·朱利安尼在赢得2008年共和党总统候选人的竞选活动中，引用了美国男性前列腺癌（朱利安尼患上的一种疾病）的存活率高达82%。然后，他将其与英国纳税人资助的国民健康服务机构提供的44%存活率进行了比较。

正如朱利安尼试图强调的那样，如果是这样的话，这肯定是对社会化医疗致命不足的控诉。他的数字是正确的，但是，这种陈述也具有误导性。朱利安尼引用了五年存活率，即在某年被诊断患有某种疾病并在五年后还活着的人数。然而，在美国前列腺癌通常是通过筛查来诊断的；而在英国，它是根据症状进行诊断的。筛查倾向于早期发现疾病，从而导致比较中的一种偏差。

假设一组患有前列腺癌的男性都在70岁时去世了。如果这些男性直到67岁或更晚才出现症状，则基于症状诊断方法的五年存活率为0。另一方面，假设筛查法在这些男性64岁时检出了癌症，尽管结果都是在70岁时去世了，但在这种情况下，五年存活率是100%。

是的，你可能会说，通过筛查进行早期诊断会增加采取调整措施的机会。但是筛查并不是100%准确的。首先，存在误报。筛查中，测试会错误地将健康人标记为患有癌症。前列腺筛查还会发现非进行性癌症，这些癌症将永远不会出现症状，更不用说死亡了。目前尚不清楚这种过度诊断的确切程度，但粗略估计是，以这种方式诊断出的男性中有48%没有进行性癌症。

错误的诊断和过度诊断都会导致不必要的治疗，甚至可能造成潜在危险：在治疗前列腺癌的过程中，男性患上阳痿和失禁。由于过度诊断还包含那些不会死于前列腺癌的男性，因此五年存活率被提高了。

死亡率是比存活率更好地衡量结果的比较方法，即在给定年份中死于某种疾病的人数占总人口的比例。美国国家癌症研究所发布的 2003 年至 2007 年期间的数据显示，年龄标化前列腺癌死亡率每 10 万人为 24.7。英国癌症研究中心给出的 2008 年类似数字指出，死亡率每 10 万人为 23.9。从统计学上讲，这是不相上下的。更高的存活率并不一定意味着更少的死亡人数，而且当你看到存活率被引用说明问题时，你就需要对某种统计持怀疑态度。

访谈：给我们带来风险智商的人

2011 年，在伦敦经济学院获得哲学博士学位的迪伦·埃文斯创立了风险智商公司 Projection Point。虽然人类并不擅长评估概率，但是克服重重困难，埃文斯已经追踪到少数被他称为风险商智力量表上被评为天才的人。

大多数人可能还没有听说过风险智商。它是什么？

它是准确估计概率的能力，是关于在有足够的确定性的基础上进行有根据的推测。这是简单的定义。但是，这种看似简单的技能却是相当复杂的，同时也是非常有意义的。它是关于如何基于有限的信息进行工作，并应对不确定的世界的能力，是关于了解自己和自己局限性的能力。

是不是我们中的大多数人在这方面都做得不够好？

是的。心理学家丹尼尔·卡内曼和阿莫斯·特沃斯基为我们了解判断力和理性决策奠定了基础。他们的发现之一是，我们在评估概率方面非常糟糕。我认为这几乎是普适的，即使不是完全可能，也是很难克服的。所以我很惊讶在各种各样的地方能很偶然地遇到高风险智商的个体。

这些天才在哪儿呢?

我在赛马裁判人员、桥牌玩家、天气预报员和专业赌徒中发现了他们。你可能只是擅长如21点纸牌、扑克或体育博彩的专业赌徒。由于他们并不想让别人知道，也很难让他们相信我，因此很难跟踪到他们的情况。但最终他们相信了我。我采访过电影《决胜21点》中原型为21点纸牌游戏团队以及其他21点纸牌和扑克玩家。他们的共同点是纪律严明、工作努力。此外，具有这种智商的人的一个显著特征是，他们具有丰富的经验，善于从过度自信者在某个领域所犯的错误中吸取教训，并以此来处理问题。

那么，接下来的关键是知道你的极限吗?

是的。是否对比赛中的马匹有全面的认识并不重要——如果你没有相应的自知，那就糟了，你就不会有高风险智商。

你是如何量化风险智商的?

我做了一个在线测试来衡量风险智商。它由50条陈述组成，有些是正确的，有些是错误的，你需要估算每一条陈述为真的可能性。有两种方式会让你的风险智商降低。一种是过度自信，另一种是不自信。你确实会发现人们会犯不自信的错误，但这样的人少得多。

你的书中提出了一个令人担忧的发现——医生的风险智商很低。

绝对正确。实际上，随着年龄的增长，他们变得更加自信，但不再准确，这意味着他们的风险智商下降了。我看过的一项研究表明，当医生估算病人有90%的可能性患上肺炎时，结果只有约15%的人患上了这种病，这是一种相当严重的过度自信。另一种说法是，他们认为自己了解很多，但实际没有那么多。一种解释是，医生必须依据不同的情况做出不同的决定，以致他们没有机会建立一个好的模型。如果你不得不做出生死攸关的决定，你会觉得自己必须表现出自信，否则你会太害怕而做不了任何事情。

我们在评估风险时会犯什么错误?

是否必须结束某件事是一个非常有意义的问题。如果有必要结束，那就意味着你不喜欢处于不确定的状态——你想要一个答案，任何答案，即使它是错误的。另一极端是，尽力避免结束。在这里，你不断地寻求更多信息，以至于陷入了分析困难。

我们可以提升风险智商吗?

绝对可以。一种方法是意识到不同的认知偏差，另一种方法是玩个人预测游戏。与自己打赌，估计任何事的可能性：你的同伴是否会在6点之前回家或今天是否会下雨，并对它们进行跟踪。专业的赌徒一直关注于过度自信、偏差，这是一项艰苦的工作，但这意味着他们非常了解自己，没有幻想。他们知道自己的弱点。

7

数学中的难题

2000 年 5 月，新罕布什尔州的克莱数学研究所公布了 7 个千禧年数学难题，为每个问题的第一个正确解答提供 100 万美元的奖励。到目前为止，这些千禧年难题只有 1 个被解决了，另外 6 个还未解决。

三维拓扑：庞加莱猜想

当杰出的法国数学家亨利·庞加莱（1854—1912）不做算术时，他喜欢思考数学创造力的本质。他虽然认为逻辑很重要，但这还不够。“我们使用逻辑来证明，”庞加莱写道，“通过直觉去创造。”

数学家通常都有直觉，他们称为猜想或假设，但有些明显与逻辑证明相抵触。1904 年发表的“庞加莱猜想”就是其中的一个。它关注的是拓扑学——研究形状、空间和表面，特别是被称为一种三维球面的形式。普通球体的表面是二维的，即二维球面，这个球面由与三维空间中的一个点（即球体的中心）的距离相同的点构成。三维球面是由四维空间中与某个固定点距离相同的点构成的。

现在把自己想象成一只生活在普通二维球面上的蚂蚁，但你并不知道自己是生活在球面上的。你所在世界可能是三维空间中的任何一个拓扑结构——一个球面、一个甜甜圈，甚至可能是自身打了结的甜甜圈。但至少在理论上，有一种方法可以让你知道所在的世界是不是球形的。在所在世界的表面画一个圈，让这个圈以稳定的速度向内收缩。如果每一个圈都最终缩小为一个点，那就说明你生活在一个球面上。

二维球面就先说到这儿。我们生活在一个三维空间的宇宙中，在这个宇宙中，我们似乎可以把任一闭环缩小到一个点。庞加莱猜想认为，与二维球面一样，三维球面是具有如下性质的唯一有限的三维空间：在这个空间中，每一个闭环都可以连续缩小为一个点。如果宇宙是有限的，庞加莱猜想意味着我们生活在一个四维空间中的球体表面。

虽然这个猜想很难直观想象，但是它利用了我们对三维空间最基本的直觉。如果这不是真的，那么我们对空间和形状的直觉理解就是错误的。但是庞加莱无法证明这个猜想——在大半个世纪的时间里，人们都无法证明它。

问题的解决

怪异的是，其间，这个猜想在五维以及更高维度上得到了证明，1982 年，四维的情形也得到了证明。但在我们生活的三维宇宙上仍然难以解决。

2002 年 11 月，俄罗斯圣彼得堡斯特克洛夫数学研究所的格里高利 · 佩雷尔曼在网上发表的系列论文中的第一篇似乎证明了这一猜想。他以纽约哥伦比亚大学数学家理查德 · 汉密尔顿建立的里奇流理论为基础。通过移动曲面上的点,同时不“撕裂”曲面,将抽象平滑的形状变为最简单的形状。2003 年 11 月，在克雷数学研究所的会议中，汉密尔顿对千禧年奖的策划者们说，他认为佩雷尔曼的证明是正确的。在接下来一个月的会议上，数学家们仔细研究了这个证明，根据纽约大学的布鲁斯 · 克莱纳的说法，这个证明“基本上是正确的，除了一些小问题”。一个一流数学家团队开始着手检查细节。

2006 年，人们有足够的信心认为佩雷尔曼将因为这个证明被授予菲尔兹奖。但他拒绝了它。2010 年 7 月，又出现过类似情况，克雷研究所因为他破解了千禧年奖的一个难题而奖励其 100 万美元。在克雷庆祝会前夜，这位隐居的数学家告诉俄罗斯国际文传电讯社，他认为有组织的数学共同体是“不公正的”，他不喜欢他们的决定。他说，理查德 · 汉密尔顿应该被授予同样的荣誉。

不管上面说法正确与否，汉密尔顿和佩雷尔曼发展的这套数学工具将使数学家能够将里奇流应用到高维拓扑的其他问题中。这个已被证明的猜想可能将在广义相对论中得到应用，在广义相对论中，物质和能量扭曲了时空结构，有时会产生令人费解的不可光滑化的“奇点”。

流体流动：纳维–斯托克斯问题

纳维–斯托克斯方程用于描述流体从商用飞机机头或机翼流出时的行为，求解这类方程非常重要。但它们在数学上的可靠性需要思考：对于某些问题，这些方程可能会不起作用，以至于无法给出正确的答案，甚至无法给出答案。

解决“纳维–斯托克斯的存在性和光滑性问题”意味着一次性彻底弄清楚到底发生了什么，然后验证这些方程是否与实际情况吻合。许多数学家试图找出答案，但都失败了。最近一次最有希望的证明来自哈萨克斯坦阿斯塔纳欧亚国立大学的穆赫塔尔巴耶夫（Mukhtarbay Otelbayev），他在 2014 年宣布了一种解决方法，但后来又撤回了。

现在，一些物理学家寄希望于新的方法，如强耦合。强耦合是一个物理学概念，用于描述无法对系统多模块之间的行为进行精确建模的复杂情况——例如，超导体中的电子，日常生活中水沸腾时水分子的碰撞。强耦合问题中的新进展有助于破解纳维–斯托克斯方程。

素数乐谱：黎曼猜想

20 世纪初，当数学家高德菲·哈罗德·哈代从斯堪的纳维亚到英格兰的海上旅程遭遇暴风雨时，他拿出了一份特殊的保险。哈代在给朋友的明信片上潦草地写道:“我证明了黎曼猜想。”哈代认为上帝是不会让他在沉船中丧生的，因为随后他将因解决数学中最著名的问题而备受赞誉。所幸，哈代在这次旅行中幸存了下来。

近一个世纪过去了，黎曼猜想仍然没有得到解决。黎曼猜想的魅力无与伦比，因为它掌握着素数的关键，而素数是支撑数学的神秘数字（见第 4 章）。

素数是数字系统中的原子，但令人烦恼的是，没有周期表可以表示它们：它们在数轴上是突然出现的，难以预测。19 世纪，数学家们给这个明显的混沌带来了一点秩序。就像抛很多次硬币后，我们预计有一半概率是正面，一半概率是反面的情况一样，当数字越来越大时，素数就越来越少了，这种减少是可以预见的。给定数字 x，小于 x 的数字中素数的比例约为 1/ln（x），其中 ln（x）是 x 的自然对数。例如，小于 100 亿的数字中大约有 4% 是素数。

但是“大约”是非常模糊的。数字是纯粹逻辑的产物，因此它们理当以某种精确、有规律的方式运作。至少，我们希望能知道素数偏离某种分布有多远。

1859 年，乔治·黎曼在研究 Zeta 函数时发现了一条重要的线索。这是一种将一个数转换成另一个数的特殊方法，就像“乘以 5”这种函数一样。黎曼将 Zeta 函数拓展到复数域，其中复数是由实部和虚部构成的数（见第 5 章）。

复数被标记在二维平面上，其中实数在横轴上，虚数在纵轴上。黎曼发现了代入 Zeta 函数时得到零的复数，而这些复数都位于复平面上的一条竖直直线上。因此，他猜测，除了少数大家熟悉的情况外，Zeta 函数的无穷多个零点都应该在这条直线上。

真正奇怪的是，这些黎曼零点似乎反映了素数分布与 1/ln（x）规则的偏差模式。如果零点确实在这条临界线上，那么素数偏离这个分布的程度就像投掷一堆硬币偏离正面和反面比例 50∶50 的分布程度一样。

这是一个令人吃惊的结论。它表明，素数的出现是随机的，其概率为 1/ln（x），就好像它们是用一枚加权硬币选出来的。所以在某种程度上，素数被驯服了。即使我们不知道一个素数何时会出现，也可以对它们进行统计预测，就像对抛硬币预测正反面一样。

但是只有当黎曼的猜测是正确的，我们才能做到这一点。如果零点没有在这条线上，素数就会更加没有规律。不仅如此：数论的数百个结果都是以黎曼猜想开始的，如果黎曼猜想不正确，那么这些结果必须重新验证。

问题是，如何证明这个关于无穷多个数的问题呢？研究人员使用超级计算机计算了 x 轴上方的前几十亿个黎曼零点，以及数百万个更高的其他零点，到目前为止，它们都位于临界线上。只要有一个零点被验证不对，黎曼猜想就会被否定。但是计算机没有能力也无法证明这个猜想的正确性——总是有更多的零点需要验证。以前在数论中也曾出现过一些看似正确的猜想，虽然它们有压倒性数字证据的支持，但最终却被证明是错误的。

量子关联

20 世纪初，数学家提出了一个更大胆的猜想：黎曼零点可以对应量子力学系统的能级。量子力学研究电子等微小粒子的行为，最重要的是，它的方程是复数的，但是物理系统的能量总是用一个实数来衡量。所以能级形成了复平面实数轴上的一个由无穷多个数字组成的集合——这是一条很像黎曼零点的直线。

尽管这条线是水平的，而不是竖直的，但这只是一个简单的数学问题，通过旋转黎曼零点线，把它放在实线上就可以做到。如果这些零点与量子系统的能级相匹配，就可以证明黎曼猜想。人们已经在各种量子系统中做了许多尝试，但至今都没有成功。

如果黎曼猜想被证明，那么利用 Zeta 函数的数学结果，我们能够预测许多量子实验的结果，比如原子、分子和原子核中极高能级的散射。事实证明，同样的数学原理也适用于波，包括光波和声波，这些波在周围混乱地反弹。因此，微波腔体和光纤电缆的性能可以得到改善，音乐厅的音响效果甚至可以从素数乐谱中获益。

计算复杂度：P=NP？

“亲爱的研究人员，我很高兴地发布关于 P 不等于 NP 的证明，证明在附件中，它是用 10 磅和 12 磅字书写的。” 2010 年 8 月，加州帕洛阿尔托惠普实验室的数学家维奈·迪奥拉利卡给一群顶尖计算机科学家发了一封电子邮件。

这是一个具有煽动性的声明。迪奥拉利卡说他已经解决了计算机科学中最大的问题，一个关于计算的基本极限问题。谈到计算的极限，往往是指我们可以在一块硅片上塞进多少作为微处理器组成部分的晶体管，或者用什么材料或技术来代替它。P=NP？问题引发了人们的忧虑，即存在一个更基本的限制，那就是计算机制本身的限制。

尽管迪奥拉利卡的证明一开始看起来似乎很有希望解决这个问题，但非正式在线协助的一组研究人员很快就发现了它存在基础上的缺陷。加拿大多伦多大学的计算机科学家斯蒂芬·库克（第一个于 1971 年 5 月用公式表述 P=NP？问题的人）说：“结果证明这是一个难以置信的难题。”直到今天，它看起来依然和以前一样困难。

了解问题的根源以及它为什么这么重要，就意味着将其分解为各个组成部分。

P是什么?

P和NP是“复杂度类别”的实例，可以将问题归到哪些类别中，具体取决于使用计算机解决问题的难易程度。P问题比较简单：存在一种算法可以在“合理的”时间内解决它们。例如，在列表中查找数字：依次检查每个数字，直到找到正确的数字为止。如果列表有n个数字——问题的“大小”——这个算法最多需要n步来搜索它，所以它的复杂度与n成正比。这是合理的。

同样，两个n位数字的手动乘法也是如此，大约需要n^2步数。任何规模为n的问题，如果能用n的某次方阶数（n^x）的步数来解决，那么它就能被相对快地破解。它被称为“多项式时间”可解，记作P。

NP是什么?

在某些情况下，随着问题规模的增长，计算所需要的时间不是按多项式（如n^x）增长，而是按指数（如x^n）增长，增长幅度比多项式要大得多。例如，找出从1到n的所有排列方式。想出算法并不难，但随着n的增大，列出所有排列方式需要的时间将大幅增长。想要证明一个问题不属于多项式类型也是很困难的，因为你必须证明绝对没有一个多项式时间算法可以解决它。

对于那些在合理时间内难以解决的问题，有启发性的猜测可能会引导你找到一个容易验证正确性的答案。例如，找出数独谜题的答案可能非常困难，即使对计算机来说也是如此，但是如果有一个完整的答案，那么很容易检查答案是不是正确的（参见图7.1）。那些求解困难，但是可以在多项式时间内验证其复杂程度的问题被称作NP，NP代表了非确定性多项式时间。

这就是P=NP？问题的要点。P中的所有问题都在NP中：如果找到解，你可以很容易地验证它。但反之是否正确？如果你很容易去验证答案的正确性，

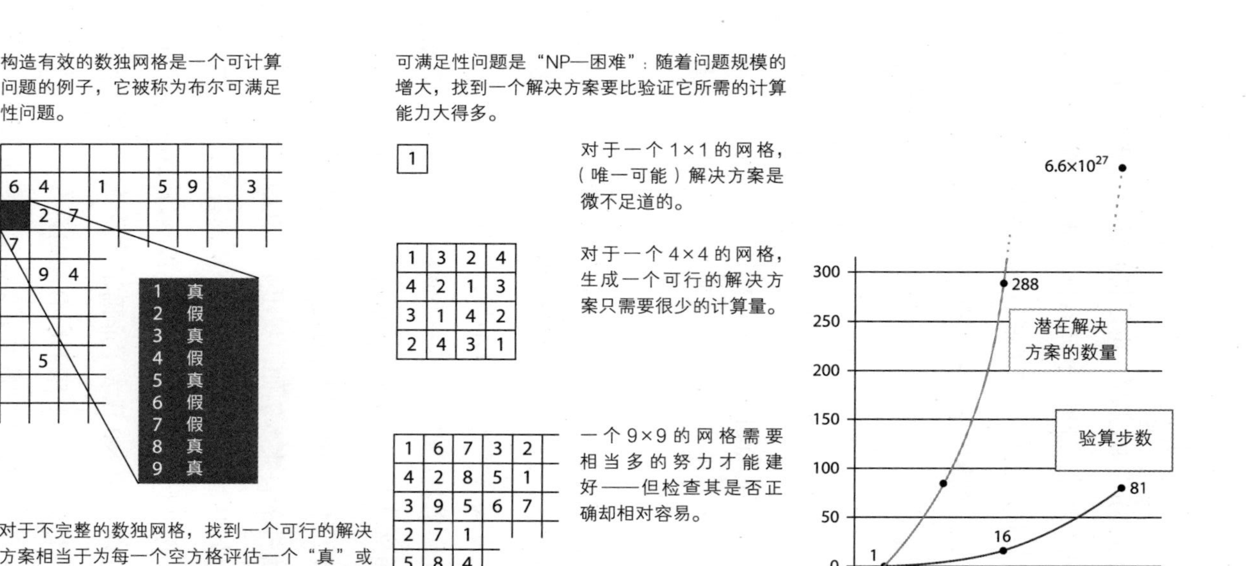

图 7.1　构造有效的数独网格是计算中的一个“困难”问题，称为可满足性问题

那么你是否也很容易地解决这个问题呢？即：NP 中的问题是否也在 P 中？

如果 P $\neq$ NP？

2002 年，马里兰大学的计算机科学家威廉·加斯塔克问了 100 位同行 P 是否等于 NP？ P $\neq$ NP 获得 61 票支持，得到了压倒性的胜利。只有 9 个人支持 P=NP——有些人仅仅是为了唱反调。其余的人要么没有意见，要么认为这个问题无法解决。

如果大多数人是正确的，那么有些问题由于其本质牵涉其中，使得我们永远无法解决它们。大多数计算机科学家已经假定了这种情况，并专注于设计算法来寻找最实用的近似解（参见第 8 章）。P $\neq$ NP 的证明将是我们所能期望的最佳结果。它还可能揭示最新计算硬件的性能，这种硬件可以在多个处理器上并行。如果处理器的数量是原来的两倍,那么运行速度应该是原来的两倍，但对于某些类型的问题就不是这样了。这意味着对计算存在某些限制。

如果 P=NP？

如果 P=NP，那么变革就将开始了。这是因为 1971 年库克发表的开创性论文中证明了 NP 问题子集（NP 完备问题）的存在性。它们是 NP 的执行关键：找到一个解决 NP 完全问题的算法，使用它就可以在多项式时间内解决 NP 问题。

许多现实世界的问题被认为是 NP 完全问题。如数独游戏这样的可满足性问题就是一个例子，众所周知的旅行商问题也是一个例子。旅行商问题是找到一条经过一系列点并最终返回起点的最短的路线，这是物流等领域非常关注的问题（见图 7.2）。

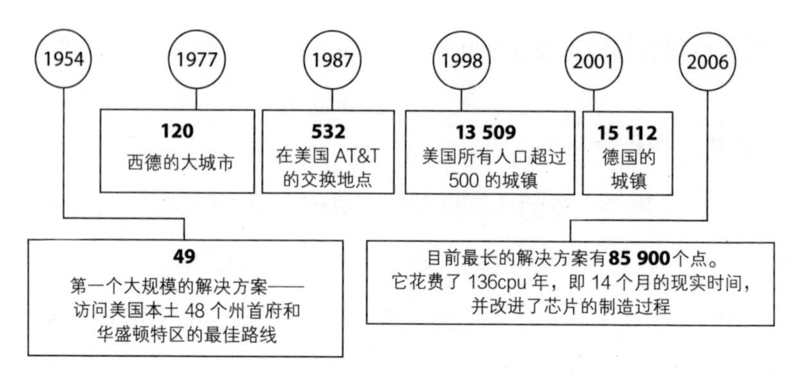

图 7.2 旅行商问题——如何找到经过多个地点的最短路线——一个有计算难度的问题。随着计算机的进步，能够解决问题的规模也越来越大

如果任何 NP 完全问题都可以用多项式时间算法来解决，那么所有的 NP 问题也就很容易解决，这样就可以证明 P=NP。存在这样一个通用的可计算的解决方案，完美的运输调度、最有效的货物分配和最少浪费的制造生产都可以实现。这个方案也会引导你找到语音识别、语言翻译上近乎完美的算法，并让计算机像人一样处理视觉信息。

它也可能破坏网上购物。在信息传输过程中保护个人和银行信息的加密方法依赖于这样的假设：将一个数分解成两个素数相乘的形式是很困难的（见第 4 章）。当然，它看起来似乎是一个经典的 NP 问题：找到 304 679 的素数因子是很困难的，但是却很容易验证 547 乘 557 等于 304 679。

随着数学在很大程度上变得可机械化，P=NP 的另一个奇怪的副作用是使数学家变得多余。因为完成数学证明是困难的，但验证其结果却相对容易，在某种程度上，数学本身就是 NP 问题。如果 P=NP 的话，计算机就可以给出证明。

如果没有算法?

在 P=NP 的世界中有一个奇怪的问题：我们可以给出某个命题的证明，但是却永远无法利用这个证明。数学家有时可以找到“非构建性的证明”，在证明中能够发现某些数学对象存在，但却无法找到它。因此，他们可以证明 NP 问题存在 P 算法中，但却无法知道 P 算法是什么。

如果 P=NP 的证明是用通用算法实现的，其复杂度从 n 缩放到一个非常大的数的幂次，那么将会出现一个类似令人痛苦的问题。作为一个多项式，这将有资格获得克雷研究所的 100 万美元奖金，但就可计算性而言，它没有任何实际意义。

粒子理论：杨-米尔斯存在性和质量缺口

杨-米尔斯理论为我们对现有粒子物理学的理解提供了数学基础。没有它，我们无法知道有多少粒子或者它们有多重。但有个问题，瑞士日内瓦附近的欧洲核子研究中心的大型强子对撞机等实验和计算机模拟都表明，粒子所能拥有的质量是最小的——你不能凭空想象出一个具有任意小质量的新粒子。但是，这个质量与零之间的差——“质量差”——似乎并不包含在杨-米尔斯理论的框架内。解决这个问题需要从数学上证明这个差距的存在，但迄今为止进展甚微。

椭圆曲线：贝赫和斯维讷通－戴尔猜想

用来描述波形的椭圆曲线方程是 $y^2=x^3+ax+b$，其中 x 和 y 是变量，a 和

b 是固定常数。它们被用于密码学中，它对于解决另一个长期存在且最近才得到解决的问题——费马大定理（见下文）至关重要。研究椭圆曲线的数学家使用另一个称为 L 级数的方程来研究这些曲线的行为。贝赫和斯维讷通－戴尔猜想认为，如果椭圆曲线有无穷多个解，它的 L 级数会在某些点上等于 0。尽管实际应用并不明显，但证明此猜想会让数学家更深入地了解这类方程。

费马大定理

如果几年前费马大定理没有被证明的话，它肯定会被列入数学领域著名的千禧年大奖的名单中。

这个看似简单的定理是由 17 世纪数学家皮埃尔·德·费马提出的。他指出，对于任意大于 2 的整数 n，无法找到三个整数 a、b 和 c，使得 $a^n+b^n=c^n$。当 $n=2$ 时，我们知道通过勾股定理可得到等式 $a^n+b^n=c^n$。例如，令 a、b、c 分别等于 3，4，5，这个等式成立——你可以构造一个以 3，4，5 为边长的直角三角形。

费马定理意味着在两维以上的空间中不存在类似的令人满意的几何形状。有意思的是，他声称自己可以给出这个定理的证明，但是书页的空白处太小了，他无法写下来。

他留下的空白使数学家们开始了长达几个世纪的探索。1993 年，英国数学家安德鲁·怀尔斯发表了一篇超长的论文，似乎证明了费马定理。他已经秘密研究这个问题七年了，为数论开辟了广阔的前景，同时开发了新的工具用来解决其他的现代数学问题，而这些是费马不可能想到的。

怀尔斯给出的第一个证明被发现有一些错误，但是在同事的帮助下，1994 年他给出了一个新版本，并于 1995 年被正式发表在《数学年鉴》上。

当他的证明第一次登上报纸头条时，怀尔斯不愿出名，但随着时间的推移，他慢慢接受了这个角色。他说：“从那以后的几年时间里，我遇到了很多人，他们告诉我，之所以进入数学领域是因为关于这些数学问题以及将一生花在这些问题上是令人兴奋的宣传，我意识到宣传是多么有价值。”

2016 年，挪威科学院和文学院“因为用半稳态椭圆曲线的模块化猜想令人震惊地证明了费马大定理，开启了数论时代的新纪元”授予怀尔斯阿贝尔奖——它通常被称为数学中的诺贝尔奖。

高维：霍奇猜想

数学家们经常发现把一个领域的问题转换成另一个领域的问题，比如将代数问题转化为几何问题，可以帮助他们解决问题。这也是你在一张纸上把方程转化为图形时所做的事情。图形是两维的，这意味着方程只能有两个变量。那么如何在三个、四个甚至更多变量的方程上使用这种技巧呢？答案就在代数几何领域中，它把上面的转换思想推广到了更高的维度。

代数几何学家使用比方程式、图形复杂得多的技术和概念，逐步解决这两个领域的问题转换。霍奇猜想是 7 个千禧年奖问题中的最后一个，它描述了如何对一类被称为霍奇循环的特殊类型数学对象做这件事情——除非有人正确地证明它并拿到奖金，否则我们永远无法确定是否可以做到。

证明的重要性

证明使数学有别于其他科学。数学不是一门进化类的学科——新的真相改变我们的理解，只有最适合的理论才能生存。与之相反，数学就像一座巨大的金字塔，每一级都是在过去牢固的基础上建立的。

如果你问数学家什么是证明，他们可能会告诉你证明必须是绝对的——从确定的起点到无可争辩的结论所有详尽的逻辑体系。但你不能只陈述自己认为正确的东西，然后继续向前推进，你必须让别人相信你没有错误。换句话说，证明必须可以检验。

今天，想要验证真正具有开创性的证明可能会是一个令人沮丧的历程。例如，2012 年，日本京都大学备受尊敬的数学家望月新一在自己的网站上发表了 500 多页的数学文章。经过多年的研究，他给出了一个长期存在的关于数字本质难题的证明，即“ABC 猜想”。尽管当时许多数学家都对此欢呼雀跃，但至今没有人能够验证它。

如今，数学家们还不得不接受一种新的可能性错误：计算机程序错误。以四色定理为例，该定理认为，任何一张地图只用四种颜色就能为具有共同边界的国家着上不同的颜色。无论尝试多少次，你都会发现它是正确的，但是，要想证明它，你需要排除出现各种反常态的奇形怪状地图的可能性。1976 年，肯尼斯·阿佩尔和沃尔夫冈·哈肯似乎做到了。他们证明可以将验证上述无限种可能情况简化为也许需要用五种颜色填充的 1936 种构型。然后，他们用电脑检查每一个潜在的反例，发现所有的反例都可以用四种颜色着色——四色定理成为第一个使用电脑帮助证明的重要定理。

只是这个证明并不完全。2005 年，英国剑桥微软研究院的乔治·冈蒂埃和他的同事更新了四色定理的证明，使它的每一部分都能被计算机识别。他们发现，证明中有一部分被广泛认为是正确的，但实际上却从未被证明过，因为它看起来似乎是显而易见的，以至于人们认为它不值得去证明。幸运的是，这个假设最终被证明是正确的，它说明了复杂的现代证明的绝对性质。

计算机和蛮力也只能让你走这么远。考虑一个未解决的关于素数的大问题：有没有可能生成一个任意长度的数列，其中所有的数都是素数，并且每相邻两个素数的差相同?

例如，3，5，7 是由素数组成的长度为 3 的等差数列。对于长度为 4 的数列，你可以取 5，11，17，23，四个相差为 6 的素数。如果你从素数 56 211 383 760 397 开始，加上 44 546 738 095 860，你会得到另一个素数。再加上 44 546 738 095 860，就得到了第三个素数。如果你一直这样做，你会得到一个由 23 个素数组成的等差数列。这是由马库斯・弗林德、保罗・乔布林和保罗・安德伍德在 2004 年（使用计算机）发现的。

然而，上面这些结论不能表明你可以得到任意长度的数列——因为有无穷多的素数，用蛮力是不可能做到的。因此，数学家在逻辑推理方面的应用仍然有一定的作用。2004 年，加州大学洛杉矶分校的陶哲轩与布里斯托尔大学的本・格林合作，完美地解决了这一问题，证明了理论上可以找到任何你想要长度的合适的素数序列——这一突破为陶哲轩在 2006 年赢得了菲尔兹奖。

与许多证明相比，陶哲轩和格林的证明在篇幅和复杂度上都远称不上艰巨，但他们的证明也有 50 页左右，而且依赖于许多其他作者的证明。唯一令人沮丧的是，这个证明是非构建性的：它只能告诉你序列的存在性，但无法告诉你如何找到它们。

开普勒叠加问题

这个基本问题对各地的蔬菜水果商来说都很熟悉：把一堆球形物体（比如出售的橙子）堆起来的最佳方式是什么？它表明：有时即使是一个看起

来很简单的问题，数学家们也必须付出很大努力才能找到一个答案。

1611 年，天文学家和数学家约翰尼斯·开普勒开始了这项工作，他提出金字塔式布局是最有效的方法。但是他无法证明自己的猜想。直到 1998 年，宾夕法尼亚州匹兹堡大学的托马斯·海尔斯证明开普勒的直觉是正确的。虽然堆叠方式有很多种，但大多数只是几千个主题上的变化。海尔斯把这个问题分解成用数学描述的上千种可能性的球体排列，并使用软件来检查它们。

然而，这并不是故事的结局。海尔斯的证明长达 300 页，12 名审稿人花了 4 年时间检查错误。即使它于 2005 年发表在《数学年鉴》上，审稿人也只能说“99%”正确。

2003 年，海尔斯启动了 Flyspeck 项目，试图通过一个被称为形式验证的程序来自动证明他的证明是正确的。他的团队使用了两个名为 Isabelle 和 HOL Light 的软件助手，它们都是基于小型逻辑内核构建的，这个逻辑内核被严密地检查以避免错误，以确保计算机可以检查系列逻辑语句来确认它们的正确性。这种技术有效地将数学裁判排除在验证过程之外。因此，海尔斯认为他们关于证明的正确性的观点不再重要。

2014 年，Flyspeck 团队宣布，他们终于把海尔斯证明中的密集的数学转化成了计算机语言的形式，并证明了它的正确性。海尔斯说，当时他觉得卸掉了肩上的重担。数学界其他人花了更长的时间才被说服——直至 2017 年，这个形式的证明最终才被《数学论坛》杂志所认可。

8

日常生活中的数学

数学不仅仅是一种高高在上的思想，它还可以应用于日常生活中各种意想不到的情况，用于解决那些既非常有用又非常琐碎的问题。

世界运行的算法

你是否曾经想知道超市是如何为我们提供食物的，载你上班的火车或公共汽车是如何安排的，答案可能就隐藏在某处地下室服务器的算法中，该算法可以为你处理一年内生活里的各种问题。它被称为“单纯形算法”,多数情况下，被用于需要多维度分析问题的场景中。

对于数学家来说，维度不仅仅与空间有关。可以肯定的是，之所以出现这个概念，是由于我们用三个可以独立变化的坐标来表示位置：上一下、左一右、前一后。引入时间，我们有了第四个维度。时间维度与其他三个维度的运转是类似的。只是出于某种未知的原因,我们只能沿着时间轴向一个方向移动。

然而，除了运动之外，我们经常遇到的现实情况是，我们可以独立改变的不止这四种维度。例如，设想你在为午餐做一份三明治。冰箱里有奶酪、酸辣酱、金枪鱼、西红柿、鸡蛋、黄油、芥末、蛋黄酱、生菜、鹰嘴豆泥十种配料，而且使用它们的数量可以不同。这些成分就是三明治制作问题的维度，可以用几何方法来处理这个问题，通过任何特定方式来组合选择配料，所完成的三明治可以用十维空间中的一个点来表示。

在这个多维空间中，你不太可能不受限制地自由行动。冰箱里可能只有两大块发霉的奶酪，也可能蛋黄酱罐子已经见底了。个人偏好可能会给你的三明治制作问题带来其他更微妙的限制：也许是对热量的关注，或者不想将金枪鱼和鹰嘴豆泥混合在一起。每一个这样的限制都代表多维空间中的一条界线，我们的行动不能超越它。

在商业、政府和科学中，类似的优化问题随处可见，很快就演变成具有数千甚至数百万个变量和限制条件的令人头痛的问题。一个水果进口商可能需要处理一个1000维的问题，例如，从5个储存不同数量水果的销售中心运送香蕉到200家商店，每家商店需要的数量不同。在尽量减少总运输成本的情况下，应从哪些销售中心向哪些商店发送多少香蕉呢?

类似情况，基金经理也可能希望筹划一个最佳的投资组合，以平衡各种股票的风险和预期回报；铁路调度员希望判断如何安排员工值班、培训是最好的；又或是工厂、医院经理希望解决如何平衡有限的机器资源或病房空间的问题。每个这样的问题都可以描述为一个几何图形，一个“多面体”，其维数是问题中变量的个数，其边界由问题中所有的限制条件来决定。

单纯形算法提供了一种通过多面体到达最优点的方法。单纯形算法是美国数学家乔治·丹齐格在20世纪40年代后期的工作中提出的。第二次世界大战期间，丹齐格一直在研究提高美国空军后勤效率的方法。

他得到的最初见解之一是，“目标函数”的最优值（我们想知道的最大值或最小值问题，无论是利润、旅行时间或其他任何）都落在多面体的一个角上（见图8.1）。这立刻就使问题变得更容易处理了:任何多面体内都有无限多个点，但只有有限个角。

然而，坏消息是，即使角的数量是有限的，但它也可能是一个天文数字。甚至一个只有50个限制的十维问题（比如,为10名具有不同专业知识，但时间上受限的人员安排工作时间表）就可能需要让我们尝试数十亿个角。不过单纯形算法为测试这些提供了一种快捷的方法，使我们不需要按顺序一个角一个角地尝试。它在每一个角上都实现了“枢轴准则”。不同的算法实现中存在枢轴准则细微的不同偏差，但是通常这涉及选择目标函数下降更快的边，确保每一步都让我们离最优值更近。当找到了一个目标函数下降最快的角时，我们就知道自己找到了最优点。

一家餐具厂每1000把餐刀可赚200美元，每1000把餐叉可赚100美元。在生产不受限制的情况下，可以通过生产更多的餐刀和餐叉来获得更多的利润。

在现实世界中，有限的人员与机器资源将意味着你生产的餐叉越多，生产的餐刀就越少。这限制了你的运营空间和你能够创造的最大利润。

进一步的限制条件，诸如餐具的需求量，将你的运营空间限制为一个二维几何形状，可获得的最大利润点始终位于该形状的一个角上。

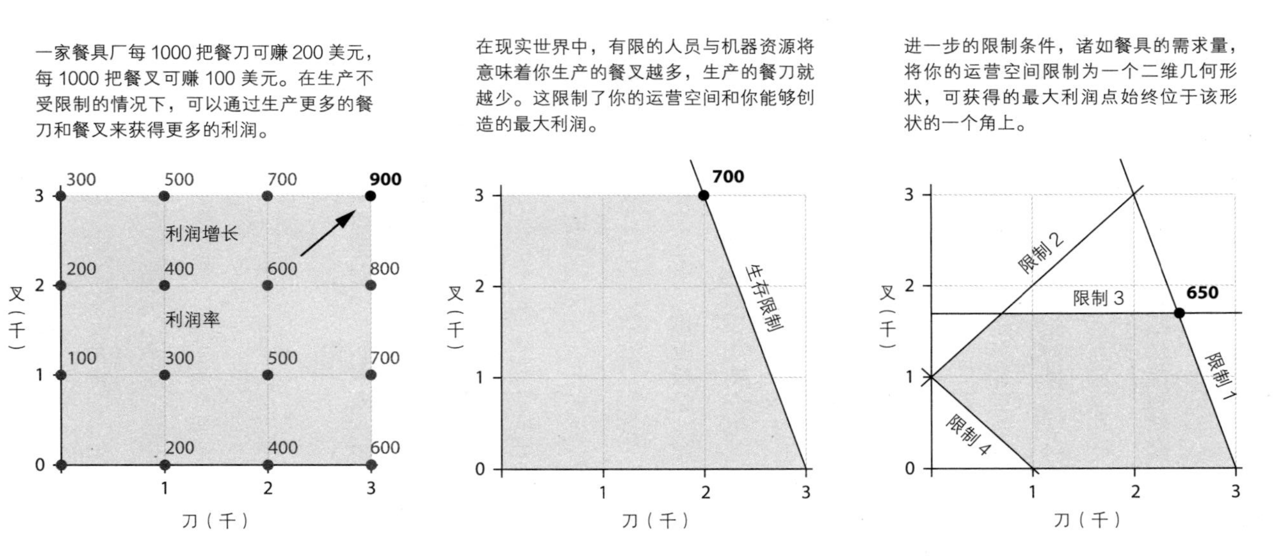

图 8.1　可以将许多“限制优化”问题简化为几何问题，如简单的二维例子所示

实际上，单纯形算法被公认为是一种非常灵活的问题求解程序，通常在经过与问题中的维数相当数量的枢轴之后才能获得最佳解。这意味着最多可能只需要数百步就可以解决一个50维的问题，而不是用蛮力方法来求解数十亿个问题。这样的计算时间被称为“多项式”的，简称为“P”，这是实用算法的标准，一个实用算法必须能在现实世界的有限处理器上运行（请参见第7章）。

丹齐格的算法在1952年首次应用于商业，旨在发现如何将四种石油产品的现有库存混合到航空燃料中得到最佳辛烷值的方案。从那时起，单纯形算法已逐步征服了世界，它既被嵌入商业优化程序包中，又被嵌入定制软件产品中。当下，人们每分钟可能都在进行数以万计的单纯形方法调用。

但是，对数学家来说，这个算法仍然不是一个完美的解决方案。首先，算法的运行时间通常为多项式。总体而言，无论做得多么好，似乎都可以炮制出一些难以处理的优化问题，单纯形算法在处理这些问题时性能不佳。好消息是，这些无法控制的情况在实际应用中往往不会出现，尽管尚不清楚其确切的原因。

20世纪七八十年代，出现了觊觎者，即“内点法”。这种算法不是绕着多面体的表面来寻找最优点，而是钻了一条穿过其内核的路径。它们带有真正被认可的数学标志，能保证始终在多项式时间内找到最优点。通常，与单纯形方法相比，找到最优点所需的步骤更少，无论问题的维度是多少，很少需要进行超过100步的运算。

与单纯形枢轴相比，内点法的困难在于，每个步骤都要进行更多的计算：你必须分析多面体内部的所有可能方向，而不是沿边来进行目标函数的比较，显然边的数目比可能方向的数目要少，这是一项艰巨的工作。这种权衡对于某些庞大的工业问题是值得的，但并非所有问题都是如此。英国爱丁堡大学的优化专家杰西克·冈齐奥估计，除了更复杂的非线性问题，在当今的线性优化问题中有 80% ~ 90% 仍然可以通过单纯形算法的某些变体，以及少数不常见的算法来解决。冈齐奥承认自己是一名致力于内点法研究的人员。他说："我正在尽最大努力去竞争。"

我们仍然非常希望找到更好的算法：单纯形算法的一些新变体，既保留了单纯形算法的所有优点，又始终能在多项式时间内运行结束。然而，即使这样的算法存在，它也依赖于一个根本的几何假设，在多面体表面确实存在连接两个角足够短的路径。这个猜想最初是由美国数学家和运筹学先驱沃伦·赫希于 1957 年提出的，他在致丹齐格的信中谈到了单纯形算法的效率。

1966 年，人们证明了赫希猜想对于所有三维多面体是正确的，但总有预感认为这个猜想不适用于高维多面体。2010 年，数学家弗朗西斯科·桑托斯证明，即使对于只有 86 个面 43 维多面体的情况，赫希猜想也是错误的。根据赫希的猜想，穿过此多面体最长的路径是 43 步。然而，桑托斯最终确定该多面体中包含一对至少相距 44 步的角。

自从桑托斯首次发现赫希猜想的反例以来，人们进一步发现违背赫希猜想的维数低至 20 个面的多面体。多面体表面两点之间的最短距离的唯一已知极限远大于赫希猜想所给出的。实际上，无论我们想出什么新奇的枢轴准则，都需要保证单纯形算法的合理运行时间。如果这是我们能得到的最好的结果，那么理想化算法的目标将永远遥不可及，同时也将对最优化的未来造成严重后果。

如果所谓的多项式赫希猜想是正确的，那么单纯形算法的高效变体仍然有可能存在。这就设置了一个较弱的标准，仅需保证任何多面体中两个角之间的路径步数都与这个多面体维数和面的数量成正比。然而，还没有确凿的迹象表明它是真的。

算法 2000 年

乔治・丹齐格的单纯形算法被认为是世界上最重要的算法，但是该算法可以追溯到更早以前。

约公元前 300 年 欧几里得算法

源自欧几里得的数学入门书《几何原本》，它是所有算法中的第一个算法。它告诉我们，如何找到给定的两个数字的最大公约数。直到现在，它还没有被超越。

1946 年 蒙特卡洛方法

当你遇到的问题太难以至无法直接解决时，请进入机会赌场。约翰・冯・诺依曼、斯坦尼斯瓦夫・乌兰和尼古拉斯・梅特波利斯的蒙特卡洛算法告诉我们应该如何下注并获胜。

1957 年 Fortran（公式翻译）编译器

在约翰・巴克斯领导的 IBM 团队发明第一种高级编程语言 Fortran 之前，编程是一项烦琐而费力的工作。编译器的核心是：将程序员指令转换为机器代码的算法。

1994 年 索尔的算法

贝尔实验室的彼得・索尔发现了一种新的可以将一个整数分解为构成它的素数的快速算法，但只有量子计算机才能执行这种算法。如果大规模实施，就会使得几乎所有现代互联网安全失效。

1998 年 网页排名

如果没有搜索引擎，互联网上庞大的信息库将毫无用处。斯坦福大学的谢尔盖・布林和拉里・佩奇找到了一种为网页排序的方法。从那以后，谷歌的创始人就一直以它为生。

公元前 820 年 平方算法

“算法”一词源自波斯数学家阿尔·花剌子模的名字。如今，经验丰富的从业者会在他们的头脑中执行二次方程的算法来求解包含 x^2 项的方程。对其他所有人来说，现代代数提供了学校中所熟悉的公式。

1936 年 通用图灵机

英国数学家艾伦·图灵将算法与机械过程等同起来，并找到了一种模仿其他所有过程的方法，这是可编程计算机的理论模板。

1962 年 快速排序

从字典的确切位置提取单词是一件容易的事，但将所有单词按正确的顺序排列就没那么容易了。英国数学家托尼·霍尔提供了一种方法，现在它已成为各种数据管理的基本工具。

1965 年 快速傅立叶变换

许多数字技术依赖于将不规则信号分解为纯正弦波分量——这使得詹姆斯·库利和约翰·图基的算法成为世界上使用最广泛的算法之一。

如何切比萨

无论是蛋糕、比萨，还是其他食物，我们都可能被最大块的切片所吸引，或者会悄悄地抱怨生活给予我们的太少。20 世纪 90 年代初期，如何公平地分比萨问题困扰着当时同在美国路易斯安那州立大学的数学家里克・马布里和保罗・迪尔曼。马布里回忆说，他们两人每周至少聚餐一次并讨论该问题，其中一个人总是拿着笔记本画图，与此同时，他们的食物已变得冰冷。

假设有一位烦躁的侍者将比萨从偏离中心处切开，每一块边缘的切口都相交于一个点，并且相邻切口之间的角度相同，虽然偏离中心的切法意味着每一块的尺寸将不相同，但如果两个人轮流取相邻的切片，那么他们取完比萨时，所得到的份额最终是相等的。如果不这样取呢，谁会得到更多的比萨？

你可以估算每块切片的面积，将它们全部累加起来，然后得出每个人所得到的份额。但是，数学家的目标是将任何问题简化为一些通用且可证明的规则。这些规则每次都会起作用，这样就可避免次次都进行精确的计算。最简单的例子是至少有一条切割线正好穿过比萨的中心。然后将中心切割线两侧的那些切块进行配对，这样无论切了多少刀，比萨都可以平均分配给两个食客。

但是，如果所有切割线都没有通过中心怎么办？对于比萨只切了一刀的情况，通过查看可以明显找出答案：谁吃了包含比萨中心的那块，谁就吃得更多。对于通过两次切割把比萨分为四块的情况，答案是相同的。但事实证明，这都是异常情况。在随后的几年中，出现了关于如何通过切割更多次来均分比萨的三个通用规则，它们形成了完整的比萨定理。

第一条规则建议，如果切比萨的每一条切割线都经过选定的点，且切割数为大于 2 的偶数，当每位食客每次各取一块，则比萨将被平均分配给两位食客。若比萨的切割数为奇数，则情况就变得更加复杂了。此处，按照比萨定理，如果比萨的切割数为 3，7，11，15，……，且没有一条切割线是穿过比萨中心的，那么得到包括比萨中心在内的那块比萨的人总共吃到的会是较多的。如果切割数为 5，9，13，17，……，则吃到中心的那个人得到的会更少（见图 8.2）。

然而，严格证明这一点却是一个艰巨的挑战。迪尔曼很快就给出了解决

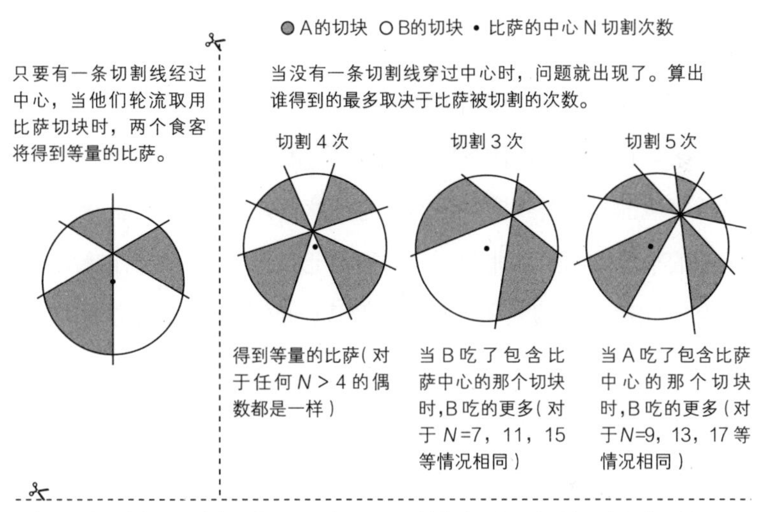

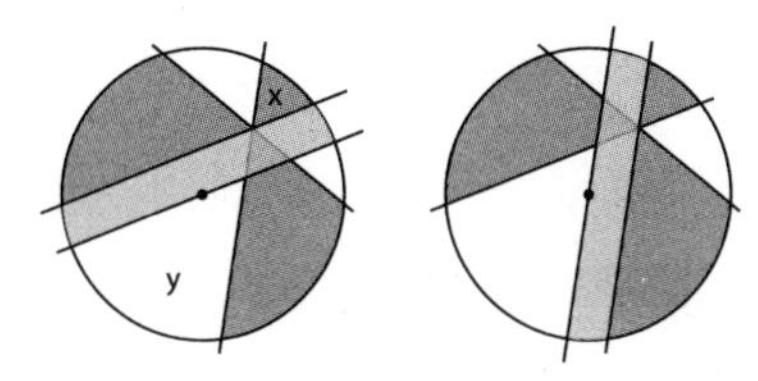

图 8.2 “比萨猜想”询问谁会得到最多的比萨，假设食客 A 和 B 轮流取切好的切块，并且相邻切块之间的角度都相等

三次切割问题的方案乃至切割五次结论的证明，然后证明了如果将比萨切割七次，你将获得与切割三次相同的结果：吃到比萨中心的人最终吃到的最多。

在成功的鼓舞下，他们认为自己也许碰巧发现了一种可以一劳永逸地证明整个比萨定理的技巧。对于切割数为奇数的情况，相对的切块不可避免地会被不同的食客食用，因此一种直观的解决方案是简单地比较相对切块的大小，从而算出谁能获得更多，以及多了多少。然后再针对下一对，绕着比萨盘逐一比较，你就可以得到它们的差异，这就是答案。

但是，在实践中，要想出一个涵盖所有切割数为奇数的解决方案是非常困难的。他们两人希望能够运用灵巧的几何技巧来简化问题。关键是位于每条切割线和一条与它平行穿过比萨中心直线之间的矩形带状区域的面积。马布里认为，带状区域的面积公式比切块的容易计算，并且带状区域的另一个好处是可以对问题的某些方面给出非常漂亮的视觉证明。不幸的是，该解决方案中包括一组复杂的代数级数的求和，其中涉及复杂的三角函数。这些花了 11 年时间才算出来。

这项研究在 2006 年有了突破，当时马布里在德国最南端的肯普滕度假，他并没有随身带电脑。抛开了技术，他设法将代数重塑为可管理的、更优雅的形式。回到家后，他猜测，新表达式的核心部分中看似简单的求和应该已经有人算出来过。于是他在网上搜索组合数学（涉及列表、计数和重新排列的纯粹数学领域）广阔领域中可能为他提供关键结果的相关定理。最终，他找到了自己想要的东西：一篇引用了 1979 年一个数学命题的 1999 年论文。借此，这个证明的其余部分才得以完成，最终于 2009 年发表。

除了对比萨和其他圆形食物进行公平的切割外，比萨定理还没有明显的应用，但这不是重点。“对于一些数学家来说，这很可笑，”马布里说，“我们常常不在乎结果是否有应用，因为结果本身是如此漂亮。”而且，客观地讲，有时抽象数学问题的解决方案确实会在意想不到的地方得以应用。例如，19 世纪数学的好奇心产物“空间填充曲线”最近才被作为人类基因组形状的模型重新出现。

此后，其他数学家开始使用比萨切割器，例如，出现了一种将比萨切割成形状相同的 12 块的方法，其中 6 个切块呈从中心向外延伸的星形，剩下的 6 块是将包含硬边在内的剩余部分分割而得到的。如果有一些人希望避开比萨中心的馅料，而另一些人希望用硬边来蘸酱吃，那么这就是一个完美的方案。

2015 年，英国利物浦大学的乔尔·哈德利和斯蒂芬·沃斯利推广了该技术，创建了更多种切割方法。他们证明，你可以用任意奇数角（例如 5 角、7 角等）带弯曲边的切块构建类似的切割方案，并将它们按前面说的那样分给两个食客。哈德利说，从数学上讲，角的个数是没有任何限制的，但你可能会发现将每一个小块切成 9 角以上的方案是不切实际的。

和马布里一样，哈德利对自己的工作可能被应用在切比萨之外的领域持乐观态度。对他来说，这些数学很有趣，并且可以生成一些有趣的图片。

胜率

1961 年夏天，当麻省理工学院数学系学生爱德华·索普站在拉斯维加斯赌场的轮盘旁时，他清楚地计算出赌球将要落的位置。他将赌博赢来的钱放到赛马场、篮球场和股票市场继续获利，并最终成为千万富翁。他的成功并不是建立在运气上：他利用自己的数学知识去理解胜率。

索普配备了第一台“可穿戴”计算机，该计算机可以预测旋转球的结果。

一旦球开始旋转，索普就可以通过鞋内的微动开关向计算机提供有关球和轮子的速度和位置等信息。计算机对结果做出预测，索普就在相邻近的数字上押宝。现在，在赌场使用这种设备是非法的。但是了解概率的运作原理可以帮助人们在各种游戏中获得成功。

轮盘

只要你有足够的资金，就有一种简单而可靠的方法来赢得轮盘赌。轮盘的旋转就像投掷硬币一样。每次旋转都是独立的，球有 50∶50 的机会落在黑色或红色上。与直觉相反，连续得到 20 个黑色数字后，出现黑色数字的可能性与看起来更可能出现红色数字的可能性是相同的。这种错误的直觉被称为赌徒的谬误。

因此，每次下注相同的颜色。如果输了，则在下一轮下注加倍。因为最终会出现你所选的颜色，所以此方法最终将会产生收益。缺点是你需要大量现金才能持续玩这个游戏。连续失败会使你的赌注迅速增加：以 10 英镑为起始的下注金为例，经过七次连续的失败后，你在第八次可能损失高达 1280 英镑。不幸的是，你获得的奖金并不是以相同的方式增加：获胜时，你只会获得与原始本金相等的利润。因此，尽管理论上来说这种方案是合理的，但轮盘赌很可能会使你赔钱的时间长到你的偿付能力无法支撑。

21 点游戏

在像 21 点这样的游戏中，你可以简单地通过跟踪纸牌来增加胜算——按机会游戏的规则，而不是它的精神。

21 点游戏开始时，发给每位玩家两张牌面朝上的牌。人头牌被当作 10，

A 计作 1 或 11，这是由玩家自行决定的。我们的目标是在不超过 21 的情况下，获得最高的分数。要赢得胜利，你必须取得比庄家更高的分数。纸牌是从牌盒中发出的，一盒纸牌由 3 到 6 副牌组成。玩家可以坚持使用发给他的两张纸牌或“敲击”并获得一张额外的纸牌，以使自己的分数接近 21。如果庄家的总分数等于或少于 16，那么庄家必须敲击。每个回合结束后，丢弃用过的牌。

计算牌的基本思想是跟踪那些被丢弃的纸牌，以了解牌盒中还剩下什么牌。牌盒中有大量高分数的纸牌将对你有利，而牌盒中有大量低分数的纸牌则对庄家更有利。由于牌盒中仍有许多高分数的纸牌没有发出，而你这轮游戏初始两张纸牌的得分很有可能会达到 20 或 21，而当庄家初始纸牌的分数少于 17 时，庄家就很有可能破产。牌盒中有大量低分数的纸牌对庄家有利的原因与此类似。

如果你跟踪已发过的纸牌，那么就可以判断出从什么时候这个游戏开始对你有利了。最简单的方法是从零开始，然后根据发出的牌进行加或减。当出现低分数（分数为 2 到 6）纸牌时加 1，当出现高分数（分数为 10 或更高）纸牌时减 1，并停留在 7、8 和 9 范围内。然后相应地下注——当你的总分数较低时，将注下在小上；当你的总分数较高时，则将注下在大上。这种方法最高可以为你带来 5% 的正收益。这个小额回报需要付出很多努力才能获得，但是，在这个低利率时代，这或许是值得的。

彩票

亚历克斯·怀特将永远不会忘记 1995 年 1 月 14 日的那个夜晚。这是英国国家彩票的第九次开奖，估计头等奖高达 1600 万英镑，怀特（这不是他的真名）选中了所有 6 个数字：7，17，23，32，38 和 42。不幸的是，怀特只赢得了 122 510 英镑，因为还有 132 个人也选择了相同的数字组合并分享了头等奖。

有数十种方法声称可以提高赢得彩票的概率。然而，它们都不起作用。6 个数字的每种组合都具有相同的获胜概率，怀特购买 49 球彩票，中最高奖的概率为 1/13 983 816。（自 2015 年以来，玩家需要从 59 个数字中选出 6 个，这使他们获得最高奖金的概率大大降低为 1/45 057 474。）但是，正如怀特的故事所展示的那样，你可能必须与其他获奖者分享大奖。这个事实表明了一种最大化奖金的方式：用其他人没有选择的数字来赢钱。

自 1994 年英国国家彩票开始运营后不久，南安普敦大学的数学家西蒙·科克斯通过分析113次开奖中的数据，比较了中奖数字，以及选中了4个数、5个数、6 个数的人数，得出了彩票玩家最喜欢的数字。他们最喜欢的数字是 7。选择它的人数比选择最不喜欢的数字（46）的人数多出了 25%。数字 14 和 18 也很受欢迎，而最不喜欢的数字中有 44 和 45。人们有很明显的数字偏好，所喜欢的数字都不大于 31。这被称为“生日效应”，科克斯说，因为许多人都会使用他们出生日期的数字。

此外，还有其他几种模式出现。最受欢迎的数字聚集在人们用来挑选数字的表格的中心部分。同样，许多玩家似乎只是选择表格中对角线上的一组数字。人们不喜欢连续数字也是显然的。即使选中 1，2，3，4，5，6 这组数字的可能性与其他任何组合是一样的，人们也会避免选择彼此相邻的数字。大量关于美国、瑞士和加拿大彩票活动的研究也有类似的发现。热门数字被选择的显著特征也许是因为它们分布得相对均匀——它们“看起来”是随机的。

为了测试选择不受欢迎数字可以最大化盈利的想法，科克斯模拟了一个虚拟的财团，该财团每周购买 75 000 张彩票，并随机选择其中的数字。利用英国前 224 次抽奖的结果，他计算出，他的财团将赢得总计 750 万英镑的奖金，其支出为 1680 万英镑。如果他的财团坚持选择那些不受欢迎的数字，那么它的盈利将增加一倍以上。

因此，最好选择大于 31 的数字，然后选择聚集在一起的数字或选择位于表格边缘的数字。那么，当你选中所有 6 个数字时，你与他人共享奖金的可能性就比较小。但是请记住，根据概率论的预测，你很可能几个世纪也赢不了最高奖项。

竞速

尽管几乎不可能在自己的游戏中击败一家经验丰富的博彩公司，但参与到有两三家博彩公司的竞争中，无论竞速比赛的结果如何，你都可以成为赢家。

举例来说，假设你想投注英国体育赛事中最突出的赛事之一：牛津大学和剑桥大学之间的年度赛艇比赛。有一家博彩公司开出的赔率是剑桥赢 3 赔 1，牛津赢 1 赔 4。但是第二家博彩公司不同意，他们开出了剑桥的平赔（1 赔 1）和牛津的 1 赔 2。

每家博彩公司都会留一手，以确保你不可能靠同时投注牛津和剑桥获利。不过，如果你在两家博彩公司之间分散投注，是可以保证成功的。经过计算，你在博彩公司 1 下注 37.50 英镑在剑桥，在博彩公司 2 下注 100 英镑在牛津。无论结果如何，您都能获得 12.50 英镑的利润。

以这种方式确保获胜被称为“套利”，但机会很少且短暂。一场竞速比赛中的参赛选手越少，这种方法的效果越好。但不一定是无风险的，因为你可能无法在需要时恰好获得所需的赌注，然而对于某些职业赌徒来说，靠它赚钱足够了。

知道什么时候停止

赌博可能会使人上瘾，尤其是当你快要找到成功的组合或策略的时候。即使你有数学的帮助，但还是有一个问题：你很容易遗忘一些可能丢失的信息。幸运的是，这也很有可能会帮助到你。

如果你不知道何时该退出，请尝试让自己的头脑中有“收益递减”的想法（一种最佳的停止方法）。所谓的“结婚问题”就是证明报酬递减的一种方法。假设你被告知必须结婚，并且必须从 100 名候选者中选出配偶。你可以面试每个候选者一次。每次面试后，你必须决定是否与此人结婚。如果你拒绝，你将永远失去与此人结婚的机会。如果你面试了前面的 99 位都没有选择出一位，那么你就必须与第 100 位候选者结婚。你可能会认为你只有百分之一的机会与理想伴侣结婚，但事实是你可以做得更好。

与半数的潜在伴侣进行面试，然后在遇到下一个最佳面试者的时候停下来。也就是说，在接下来的面试中选择第一个比你已经面试过的最佳人选要好的人作为伴侣。在四分之一的情况下，第二好的伴侣将出现在前 50 名候选者中，而最好的出现在后 50 名中。因此，“停在下一个最好的人上”的规则将使你有 25% 的可能性与最佳的候选者结婚。

你甚至可以做得更好。哈佛大学的约翰・吉尔伯特和弗雷德里克・莫斯特勒证明，通过与 37 个人进行面试，然后在遇到下一个最好的时候停下来，你可以将你的胜算提高到 37%。数字“37”是用 100 除以自然对数 e 而得出的，e 大约为 2.72（请参阅第 5 章）。无论有多少个候选人，吉尔伯特和莫斯特勒的定律都是有效的，你只需将候选人的数量除以 e。假设你发现有 50 家提供汽车保险的公司，但你不知道下一个报价会比前一个报价好或差。你是否应该从全部 50 家都获得报价？不，电话咨询 18 家（50 除以 2.72），然后找到一个比前 18 家更优的报价。

这也可以帮助你确定停止赌博的最佳时机。确定最大下注次数，例如 20。为了最大限度地提高你在正确的时间离开的可能性，先下 7 个赌注，然后在下一个比前面 7 个赌注中任何一个获利都多的赌注结束后终止。

意大利面函数

在寻找建筑灵感时，你可能会想到的最后一个地方是“意大利面碗”的底部。建筑师和设计师乔治・勒让德就是这样做的，他还在 2011 年编纂了第一个综合数学分类法。

意大利面食在世界各地产生了多种复杂形式，例如意大利面、意大利方形饺、管状通心粉或蝴蝶形的美食。但这掩盖了数学的质朴：如果仔细观察，你会发现意大利面食中可能只有三种基本的拓扑形状——圆柱体、球体和带状。

勒让德在伦敦从事建筑工作期间的一个深夜，他和同事让・艾梅舒一起喝了很多酒，并决定一起着手用数学为这个混乱的世界带来秩序。他们先是订购了大量的意大利面食，然后使用他们的设计知识，着手为每种形状建模。他们推导出了能概括这些面食形状的公式。这项工作持续了将近一年的时间。

对于每种形状，需要用三个表达式来描述，每个表达式描述其在三维空间中一维中的形式。这提供了一组坐标，这些坐标被绘制在一个图形上，在三维空间中忠实地还原意大利面。大多数意大利面的曲线形状主要借助描述振荡的正弦函数和余弦函数来表示。对于某些面食，更容易找到正确方法。例如，意大利面只不过是一个挤压的圆。单一角度的正弦和余弦函数用来定义其不变截面中点的坐标，并用一个简单的常数来表示其长度。同样，谷粒形的面只是变形的球体。两个角度的正弦函数和余弦函数，再加上不同的乘数因子在三个维度空间拉伸形状，就提供了与面食相似的数学表达。

其他形状更难破解。例如，皱缩的萨科蒂尼蛋糕需要一个复杂的数学模型，其中包含正弦函数和余弦函数的乘积。简单的特征（例如，通心粉的倾斜端）需要一些初级的建模技巧，包括将面食切成切片，每片由略有不同的方程式来描述。

尽管三角函数再次证明是最佳的工具，但尖锐的拐弯处［例如鸡冠状的 *galletti*（一种意大利面食）的起伏波峰］也很棘手，使用正弦函数和余弦函数的更高次方来限制平滑性，函数的振荡形状变得近似穗状。推广类似的技巧可以将函数图像变得接近直角。

最后，勒让德总结出了 92 种意大利面食形状，每种形状都被精确建模，并根据它们之间的数学关系进行了分类，有些比较明显，有些则不然。千层面扭曲的带状和“小帽子”卡佩莱蒂（一种意大利面食）在拓扑上是相同的：有了足够柔软的面团，一双巧手就可以将一种形状拉伸，扭曲并重塑成另一种形状，而无须使用刀或剪刀。

勒让德的面食分类法提供了有趣的证据，证明丰富多彩且看似复杂的事物都可以简化成简单的数学。类似的方法可能会促生一种新的、更有效地将设计转换为工程的方法，该方法对大结构工程很有用。例如，任意复杂的摩天大楼的设计都可以简化为三维的方程式，就像定义意大利面食形状的方程式一样。勒让德认为横截面方程式表示楼层的设计情况，而第三个方程式表示纵向的设计。

勒让德设计的位于新加坡的亨德森波浪大桥具有起伏的形式，不禁让人联想到优美的意大利面式曲线，它的建模使用了完全相同的原理。他说：“我只是给了工程师们一些方程式。”

为什么民主总是不公平的

在理想的世界中，选举应该能保证两样东西：自由和公正。除了少数合理的例外，每个成年人，都应该能够投票给他们选择的候选人，而且每一票都应该是同等价值的。

确保自由投票是法律问题。使选举公平更应该是数学家的问题。世界各地的许多民主选举制度都试图在数学公平和政治考虑（例如问责制和强大而稳定的政府）之间取得平衡。数百年来，数学家和其他学者一直在研究投票系统，寻找扭曲个人投票价值的偏见来源，并寻找避免偏见的方法。

1963 年，美国经济学家肯尼斯·阿罗列出了理想化的公平投票制度的一般特征。他提议选民应该能够表达他们的偏好。不允许任何一个选民来决定选举的结果；如果每个选民都更喜欢某一个候选人，则最终排名应反映出这一点；如果选民喜欢某一名候选人而不是另一名候选人，引入第三个候选人不应该改变这种偏好。

这一切听起来都很合理，但是有一个问题：阿罗和其他人接着证明了没有投票制度能满足以上这四个条件。总是有这样的可能性，一个选民仅仅通过改变他的选票就可以改变全体选民的整体偏好。因此，我们只能充分利用这糟糕的工作，并处理各种选举制度存在的数学缺陷。

得票最多者当选

得票最多者当选，即“相对多数制”，起初被用在加拿大、印度、英国、美国的全国大选。它的工作原理很简单：每个选区选出一名代表，即获得最多选票的候选人。

该制度在稳定性和问责制方面得分很高，但是就数学公平性而言，它是无用的。除获胜候选人之外的任何人的投票均被忽略。如果有两个以上有大量支持的政党竞争一个选区，正如加拿大、印度和英国的典型情况，则候选人不必获得 50% 的选票就可以获胜，因此大多数选票“都将丢弃”。

这意味着，在大多数选区划分中，一个政党仅需比其竞争对手略胜一筹，就能赢得绝对的胜利。例如，在 2005 年英国大选中，执政的工党仅以总选票的 35% 就赢得了 55% 的席位。如果某个候选人或政党在勉强过半数的选区划分中都略微领先，但在其他选区划分中都明显落后，即使竞争对手总体上获得了更多选票，他们也可以赢得大选。这正是近代历史上发生的最著名的事件：2016 年美国总统大选中，唐纳德·特朗普击败希拉里·克林顿。

在得票最多者当选的制度中，边界至关重要。为确保每个投票的权重大致相同，每个选区的选民人数应大致相同。以确保公平为借口在人口中心区域穿越边界，这也是为了自己利益而进行骗选的好方法。这种做法被称“不公正划分选区”（英文为“格里蝾螈”）。在 19 世纪的马萨诸塞州，州长埃布里奇·格里创立选区划分，其形状使当地报纸编辑联想起火蜥蜴（蝾螈目动物）。

假设一个由自由共和党所控制的城市有 90 万的投票人口，被分为三个选区。民意调查显示，在下一次选举中，自由共和党即将在选举中失败——40 万人打算投票给它，而另外 50 万人将选择民主保守党。如果边界使各选区两党的支持者比例相同，每个选区将包含大约 13 万自由共和党选民和 17 万民主保守党选民，而民主保守党将占据全部三个席位——这就是常规多数票投票机制的不公平所在。

实际上，倾向于投票给一个政党或另一个政党的选民可能会聚集在城市的同一街区，因此，自由共和党很可能会保留一个席位。然而，对自由共和党来说，重新划分边界来逆转结果并确保自己成为多数派太容易了——如图 8.3 中两种划分策略所示。

但是，正如加州大学尔湾分校的数学家唐纳德·萨里所证明的那样，简单多数票投票机制的异常情况可能更微妙。假设有 15 个人被要求对牛奶（M）、啤酒（B）和葡萄酒（W）的喜爱程度进行排序。其中有 6 个人排序为 M—W—B，有 5 个人的排序为 B—W—M，剩下 4 个人的排序为 W—B—M。在简单多票机制中，如果只看排在第一位的比例，结果很简单：牛奶以 40% 的选票获胜，其次是啤酒，最后是葡萄酒。

每一个方格代表 10 万选民

■ 自由共和党：总共 40 万张选票

□ 民主保守党：总共 50 万张选票

情景 1

选区 1：自由共和党 10 万张选票，民主保守党 20 万张选票

选区 2：自由共和党 20 万张选票，民主保守党 10 万张选票

选区 3：自由共和党 10 万张选票，民主保守党 20 万张选票

自由共和党 1 个席位，民主保守党 2 个席位——民主保守党获胜

情景 2

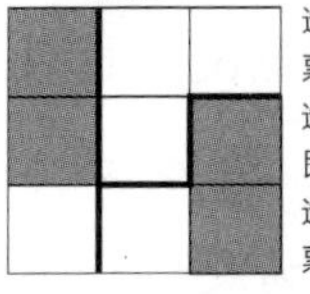

选区 1（左边）：自由共和党 20 万张选票，民主保守党 10 万张选票

选区 2（顶部）：自由共和党没有选票，民主保守党 20 万张选票

选区 3（底部）：自由共和党 20 万张选票，民主保守党 10 万张选票

自由共和党 2 个席位，民主保守党 1 个席位——自由共和党获胜

图 8.3　在得票多数者当选的机制中，选区的划分可以决定结果

那么选民真的更喜欢牛奶吗？一点也不是。9 位选民更喜欢啤酒而不是牛奶，还有 9 位选民更喜欢葡萄酒而不是牛奶——两种情况明显占多数。与此同时，有 10 个人更喜欢葡萄酒而不是啤酒。通过所有这些偏好，我们看到真正首选的顺序是 W—B—M，与投票机制产生的结果完全相反。事实上，萨里证明了给定一组选民的喜好，你可以设计一个机制来产生任何你想要的结果。

在上面的示例中，简单的多数投票产生了反常的结果，因为饮酒的人组合在了一起：葡萄酒和啤酒的饮用者都把对方列为第二喜好，而对牛奶则表示强烈反对。类似的事情在政治上也会发生，当两党依赖于同一类选民，将他们的选票分给两个政党，将会让不受欢迎的第三方赢得选举。

不幸的是，在保留得票最多者当选制度优势的同时，只能在一定程度上避免这种不公平现象。一种可能性是两位排名最高的候选人之间进行第二轮“决胜选举”，法国和其他许多国家的总统选举都是如此。但是，不能保证这两名拥有最大潜在支持的候选人能进入决赛。例如，在 2017 年法国总统大选中，传统左翼和右翼集团的选票分裂意味着最终选举在极右翼候选人、海军陆战队员勒庞和自由者伊曼纽尔・马克龙之间进行。决胜选举最终是在中右翼和极右翼候选人之间竞争。

排序投票

排序投票是这样一种策略，它允许选民按 1，2，3……的优先顺序来排列候选人。在计算完排名第一的选票后，得分最低的候选人将被淘汰，而选票上的票数将重新分配给第二选票的候选人。这一过程一直持续到有一名候选人获得 50% 以上选民的支持为止。该制度被称为即时决胜选举、备选投票或排序投票，在澳大利亚众议院以及美国多个城市的选举中使用。在 2011 年英国改变议会选举制度的全民公决中，该法案遭到拒绝。

排序投票比相对多数投票更公平，但不能消除排序悖论。法国数学家孔多塞侯爵早在 1785 年就注意到了这一点。假设我们有 3 名候选人 A、B 和 C，以及 3 名选民，他们对候选人的排名为 A—B—C、B—C—A 和 C—A—B。选民以 2∶1 的比例显示他们更喜欢 A 而不是 B，同时选民在 B 和 C 中更偏爱 B，C 和 A 更偏爱 A，因此比例都是 2∶1。引用《爱丽丝梦游仙境》中的渡渡鸟说的话："每个人都赢了，所有人都有奖品。"

比例代表制

比例代表制是一种完全避免排序悖论的投票制度。在这里，一个政党将获得与所投票人数成正比的多个议会席位。这样的制度无疑在数学上比相对多数票制或排序投票制更为公平，但它具有政治缺陷。它意味着真正从比例代表制中最得利的只有一个选区：大型的多代表的选区。以色列使用这种选举制度。但是，大选区削弱了选民与其代表之间的联系。候选人通常是从中央决定的名单中挑选出来的，因此选民对代表他们的人几乎没有控制权。

比例代表制有其自身数学上的小问题。例如，没有办法按确切比例分配整数个席位给人数更多的选区。这可能会导致一种奇怪的现象：即使选区人口保持不变，增加可用席位总数也可能会导致某个选区代表数的减少。

美国众议院选举采用的是得票数最多当选制，但美国宪法规定，席位必须"根据各州的代表数在各个州之间重新分配"，即按比例分配。1880 年，美国人口普查局首席办事员查尔斯·西顿发现：如果众议院有 299 个席位，亚拉巴马州将获得 8 个；而如果众议院拥有 300 个席位，亚拉巴马州将仅获得 7 个席位。这种"阿拉巴马悖论"是由称为最大剩余数的算法引起的，该算法被用来严格按照比例获得的席位数取整后分配给各州。

为简单起见，假设一个 3900 万选民国家的议会拥有 4 个席位，即每个席位的选民配额为 975 万。但是，席位必须在亚拉巴马州、科罗拉多州和加利福尼亚州三个州之间共享，投票人口分别为 2100 万、1300 万和 500 万。将这些数字除以配额即可得出各州的合理席位比例：2.15、1.33 和 0.51。取其整数部分作为席位数，将该席位数分配给各州。剩余的席位将进入剩余人数最多的州：在这种情况下为加利福尼亚州。因此，亚拉巴马州有两个席位，科罗拉多州和加利福尼亚州各得到一个席位。

现在假设席位数从四个增加到五个。配额为 3900 万除以 5，即 780 万。现在这三个州的公平比例分别为 2.69、1.67 和 0.64。如前所述，按整数分配了三个席位。剩下的两个席位分别给了亚拉巴马州和科罗拉多州，这两个州的余数最大，而加利福尼亚州则失去了唯一席位。（美国宪法规定，每个州必须至少有一位代表，在这种情况下，它将保护加利福尼亚州——众议院必须增加一个席位）

这种怪象意味着现在比例系统中的席位通常使用称为除数法的算法来进行分配。这些工作是通过将投票人口数除以一个公因子来进行的，因此，当公平比例取整数时，把它们加起来就等于可用席位数。但是，这种方法并非万无一失：有时会给选区提供多于最接近其公平比例的整数席位数。

权力平衡

对比例投票制的一种批评是，它使一个政党赢得多数席位的可能性降低，从而增加了较小的政党作为“造王者”的力量，在他们认为合适的情况下改变竞争党派之间的平衡。如果选举算法产生了一个无任何政党占多数席位的议会，则同样的情况也会在相对多数制中发生。例如 2017 年的英国大选。

在这种情况下，权力存在于哪里？量化该问题的一种方法是使用班扎夫权力指数。首先，要列出可能组成多数联盟政党的所有组合，并在所有这些联盟中计算一个政党作为“摇摆”伙伴（这个政党退出联盟时，这个联盟将不再是占大多数的了）的次数。用这个数字去除所有可能的多数联盟中摇摆伙伴的总数即可得出一个政党的权力指数。

例如，假设一个议会有六个席位，其中 A 政党有三个席位，B 政党有两个席位，C 政党有一个席位。可以通过三种方式组成联盟实现至少四票的大多数：AB、AC 和 BC。在前两个联盟中，两个伙伴都是摇摆伙伴。在第三种联盟下，只有 A 是摇摆伙伴——如果 B 或 C 退出，剩余者的联盟仍为占大多数的联盟。在三个联盟的五个摇摆合作伙伴中，A 参与了三次，B 和 C 各参与了一次。因此，A 的权力指数为 3 ÷ 5，即 0.6 或 60%，超过其持有的 50% 的席位，而 B 和 C 的“价值”仅为 20%。

9

数字与现实

数学是物理学及以数学为基础的所有学科的语言。在这里，我们将讨论前面介绍的数的各个方面，以探讨本书在开篇所触及基本问题的更多细节：我们在多大程度上生活在数学世界中？

一切都是由数组成的吗？

当阿尔伯特·爱因斯坦于 1915 年最终完成他的广义相对论时，他观察方程式并发现了一个不可思议的信息：宇宙正在膨胀。但是爱因斯坦不相信物理宇宙可以收缩或膨胀,所以他忽略了方程告诉他的信息。大约十年后,埃德温·哈勃等人发现了宇宙膨胀的明确证据。爱因斯坦错失了做出历史上最具戏剧性科学预测的机会。

当爱因斯坦还不知道宇宙膨胀时，他的方程式是怎么“知道”的呢？如果数学只是人类大脑的发明，那么它是如何产出比我们输入更多的东西呢？数学的先见之明在今天看来同样不可思议。在瑞士欧洲核子研究中心，物理学家们最近在大型强子对撞机中观察到一种粒子的特征图谱，它很可能是隐藏在理论学家彼得·希格斯等人于 1964 年发现的粒子物理学方程中的粒子。

数学怎么可能知道希格斯粒子或其他物理的现实特征呢？纽约哥伦比亚大学的物理学家布莱恩·格林认为，也许因为这就是现实。也许如果挖得足够深，我们会发现像桌椅这样的物体最终不是由粒子或弦构成的，而是由数构成的。甚至可以说，整个宇宙是由数学构成的，而不是物质。

如果说宇宙是“由数学构成”的，事实上很难理解它到底是什么意思。一个明显的出发点是去问数学是由什么构成的。已故物理学家约翰·惠勒说“数学基础是 0=0”，指的是所有的数学结构都可以从所谓的“空集”导出，“空集”是不包含任何元素的集合（见第 2 章），不断嵌套着虚无，就像不可见的俄罗斯套娃，最终数学都在其中呈现。

但这可能就是存在的终极线索——毕竟，一个由虚无构成的宇宙不需要解释。事实上，数学结构似乎根本不需要物理起源。根据美国麻省理工学院的物理学家马克斯·泰格马克的说法，十二面体不是被创造出来的。一个东西要被创造，首先必须不存在于空间或时间中，然后才能存在。他说，一个十二面体根本不存在于空间或时间中——它独立于时间或空间而存在。反过来，空间和时间本身包含在固有的更大的数学结构中，它们不能被创造或被毁灭。

今天,只有一小部分数学在物理世界中得到了实现。随便拿起一本教科书，里面的大多数方程都不对应于某个物理对象或物理过程。这就引起一个大问题：为什么宇宙只由现有一部分数学组成?

的确，表面上神秘而非物理的数学有时确实与现实世界相对应。例如：虚数曾经被认为完全符合它们的名字，但现在被用来描述基本粒子的行为（见第 5 章）；非欧几里得几何最终以引力的形式出现。即便如此，这些现象也只是数学的一小部分。

那么，我们的宇宙不使用的那些数学呢？泰格马克认为，其他的数学结构对应于其他宇宙，他称为“第四级多元宇宙”，比其他宇宙学家经常讨论的多元宇宙要奇怪得多。多元宇宙像我们的宇宙一样使用同样的基本数学规则，但泰格马克的第四级多元宇宙却使用着完全不同的数学。

所有这些听起来都很奇怪，但这个假设——物理现实从根本上是数学的——已经通过了所有的检验。400 年前伽利略说，大自然这本书是用数学语言写成的。如果物理学遇到障碍以至于无法继续下去，那么我们可能会发现，用数学方法也将无法理解自然。对于泰格马克来说，这种状况并没有发生，也是一件了不起的事情。

如果现实从本质上说并不是数学，那它又是什么呢？“也许有一天我们会遇到外星文明,我们会向他们展示我们发现的宇宙。”格林说,“他们会说,‘哦,数学。我们试过。它只能带你走这么远。这才是事实。’那意味着什么？很难想象。

我们对基本现实的理解还处于初级阶段。”

宇宙是无穷大的吗?

数学中的现实概念和现实本身之间的冲突最明显的莫过于无穷大。无穷大对数学结构是至关重要的(见第3章),但当涉及描述物理现实的理论时,它的实用性就不那么明显了。在许多物理学中,无穷大的出现通常意味着你的理论出了问题。

以粒子物理学的标准模型为例,爱因斯坦的广义相对论解释了引力,而标准模型解释了自然中其他所有的力。量子电动力学是处理电磁力标准模型的一部分,它最初显示电子的质量和电荷是无穷大的。它建立在量子理论基础上,长期以来被无法控制的无穷大所困扰。

经过众多诺贝尔奖获得者几十年的努力,这些荒谬的无穷大被消除了,或者说大部分被消除了。但众所周知,在标准模型中引力无法与其他自然力相统一,因为物理学家用于平衡无穷大效应的最好技巧看起来对它不起作用。在极端情况下,比如黑洞的内部,当物质变得密度无限大且炙热、时空严重扭曲时,爱因斯坦的广义相对论方程就出问题了。

但正是在大爆炸理论中,无穷大造成了最大的破坏。根据宇宙膨胀理论,宇宙在最初的几分之一秒内经历了一次急速膨胀。膨胀理论解释了宇宙的基本特征,包括恒星和星系的存在。但该理论认为,膨胀是无法阻止的。我们的宇宙稳定下来很长时间内,其他时空部分还会继续膨胀,在一股永恒的大爆炸论中创造出无限的多元宇宙。在无限的多元宇宙中,所有可能发生的事情都会发生无数次。这样的宇宙学可以预测一切,也可以说,它什么都不能预测。

这样的灾难被认为是测量问题，因为大多数宇宙学家相信它将通过正确的“概率测量”得到解决，它将告诉我们，我们有多大可能在某个特定的宇宙中终结这个问题，从而恢复我们的预测能力。但也有人认为，这里存在着更根本的错误。物理学家马克斯·泰格马克说：“膨胀是在说，嘿，我们正在做的事情完全搞砸了。有一些我们假设的非常基本的东西是错误的。”

对泰格马克来说，某些东西是无穷的。物理学家将时空视为一个无限延伸的数学连续体，就像实数轴一样，它没有间隙。放弃这个假设，整个宇宙的故事就改变了。膨胀只会拉伸时空直到它断裂。然后，膨胀被迫结束，留下一个庞大但有限的多元宇宙。泰格马克认为我们所有关于膨胀和测量的问题都直接源于我们对无穷的假设。但这是最终未经检验的假设。

我们有很好的理由认为我们并不需要用无穷来描述宇宙。20 世纪 70 年代，史蒂芬·霍金和雅各布·贝肯斯坦对黑洞量子特性的研究，推动了全息原理的发展，这使得任何时空体积能容纳的最大信息量正比于视界面积的四分之一。在我们这个尺度的宇宙中，信息位的最大容量大约是 10^{122}。如果宇宙确实是由全息原理控制的，那就没有足够的空间来容纳无穷大。

无论是真是假，即使是最好的设备也永远不会以无限的精度测量任何物体。最好的原子钟能测量出小于小数点后20位的时间增量。电子的反常磁矩（测量粒子自旋的微小量子效应）已精确到小数点后 14 位。

对于泰格马克来说，下面这个事实让他更感兴趣：物理学家用来验证一个理论与客观世界比对的计算和模拟可以在一台有限的计算机上完成。这表明我们所做的事情不需要无穷大。更重要的是，他指出，完全没有证据表明大自然的做法与此有何不同。也就是说，大自然不需要处理无限数量的信息。

量子无穷大

麻省理工学院的物理学家和量子信息专家塞思·劳埃德建议谨慎对待宇宙与普通有限计算机之间的类比。他说，我们没有证据表明宇宙的行为像一台经典的计算机。但有大量证据表明，它的行为就像一台量子计算机。

乍一看，这对那些希望消除无穷大的人来说似乎没有问题。量子物理学诞生于 20 世纪初，物理学家马克斯·普朗克展示了如何处理另一个无意义的无穷大。经典理论指出，一个完全吸收核辐射的物体所发射出的能量应该是无限的，显然事实并非如此。普朗克通过提出能量不是一个无限可分割的连续体，而是离散的建议，解决了这个问题。

困难是从薛定谔猫开始的。当没有人观测它时，这只著名的量子猫在某个时间可能既是死的也是活的：它徘徊在多个相互排斥状态的“叠加态”中，这些互相排斥的状态是一直融合在一起的。在数学上，这个连续体只能用无穷大来表示。量子计算机的“量子位”也是如此，它可以同时执行大量相互排斥的计算，只要没有人要求输出。根据劳埃德的说法，如果你想指定一个量子位元的完整状态，就需要无限的资讯。

不过，马克斯·泰格马克并不担心。他指出，当量子力学被发现时，我们就意识到经典力学只是一个近似值。他认为另一场革命即将发生，并且我们将看到，连续量子力学本身只是某种更深层次的完全有限理论的近似值。

对于正在寻找未来出路的物理学家来说，很容易看到抛弃无穷大的吸引力。也许我们能找到统一物理学的方法，把引力和量子理论结合起来。对于泰格马克特别关注的测量问题，我们将不再需要寻找一个任意的概率测量来恢复宇宙学的预测能力。在有限的多元宇宙中，我们只需要计算可能性。如果真的有一个最大的数，那么我们只需要计算到足够大就可以了。

哈佛大学的数学家休·伍德丁更愿意把物理学和数学上的无穷大分开，因为无穷大已经被证实在集合论中十分重要，而集合论是现代数学的基础。“很可能物理学是完全有限的。”他说，“但在这种情况下，集合论的概念代表了一种真理的发现，这种真理在某种程度上远远超出了物理世界。”

宇宙是随机的吗？

“哦，我真是个幸运的傻瓜。”罗密欧说。罗密欧杀死提伯尔特后，他意识到自己必须离开维罗纳，否则就会有死亡的危险。他表达了莎士比亚时代的一个普遍观点：我们都是提线木偶，有某种更高层面的因果在操纵着我们。我们在第 6 章中讨论了随机性、偶然性和概率。它们可能是一个模拟未知世界很好的数学工具，但世界上有什么是真正随机的呢？

早在骰子被用于赌博之前，它们就被用于占卜。古代思想家认为是神决定了掷骰子的结果，这种明显的随机性源于我们对神意图的无知。奇怪的是，现代科学一开始并没有改变这种观点。艾萨克·牛顿发现了万有引力定律，把宇宙中的一切都与一只上帝之手操纵的机械装置联系起来。恒星和行星的运动遵循着和驴拉车一样严格的规律。在这个有规律的宇宙中，每一种效应都有一个可追踪的原因。

如果说牛顿的世界没有给随机性留下多少空间，那么它至少提供了一些工具来猜测万能上帝的意图。如果你已经掌握了与骰子有关的所有事实——轨迹、速度、表面粗糙度等——理论上，你可以用数学计算出最终会是哪一面。但实际上，对我们的大脑或任何一台尚未被开发的电脑来说，这都是一项过于复杂的任务。但这表明随机性不是固有的，它只是我们缺乏信息的表象。

牛顿之后的一个世纪中，由于对宇宙可预测性的信心，法国数学家和物理学家皮埃尔·西蒙·拉普拉斯断言，只要有充足信息，人们就可以预测宇宙中将要发生的一切，反过来，也可以告诉你发生过的一切，甚至可以追溯到宇宙的开端。这是一个闪光而又相当令人不安的想法。如果一切都是可以预测的，那么一切肯定都是预先确定的，难道自由意志是一种幻觉吗？换句话说，罗密欧是对的。

直到牛顿之后大约两个世纪，才有人开始认真地质疑可预测宇宙的概念。1859 年，苏格兰物理学家詹姆斯·克拉克·麦克斯韦注意到，影响分子碰撞的微小因素可能导致结果出现巨大差异。这就是混沌理论的开端。正如混沌理论学家爱德华·洛伦兹在 1972 年所指出的那样，巴西蝴蝶扇动翅膀可能会在得克萨斯州引发龙卷风，这是蝴蝶效应最为人所知的表象，它似乎恢复了世界的不可预测性。对于一个足够复杂的系统，即使是在时钟、气压计或尺子的极限下进行最微小的近似，或者是计算中最微小的舍入误差，也可能极大地影响结果。这就是为什么天气如此难以预测的原因。它的最终状态很大程度上依赖于初始测量——我们永远不可能有一个完美的初始测量。

然而，到目前为止，我们还只是触及了皮毛。我们看起来似乎知道这个事实——原因使结果可预测，但深入挖掘，它显然根本不是事情的运作方式。量子理论的到来让我们直面一个完全不同的数学现实。

量子数学

量子理论是现实世界最基本的运行原理，除了重力之外，它解释了物质基本粒子的工作原理和作用于它们的力。自 20 世纪初以来，量子理论经历了几个发展阶段，确立了不可动摇的地位。量子实验告诉我们，自然本质上是随机的。

我们无法事先知道量子的规则，对着半镀银的镜子发射一个光子，它可能会穿过镜子也可能被镜子反射，诸如让一个电子选择从墙上的两个狭缝中通过，它的选择是随机的。等待单个放射性原子发射出一个粒子，你可能只需等一毫秒，也可能要等上一个世纪。这种对经典确定性漫不经心的态度，甚至可以解释我们为什么会在这里。一个没有任何物质的量子真空可以随机而自发地产生一些东西，这种漫不经心的能量波动也许给宇宙起源做了最好的解释。

但如何阐述这种解释比较棘手。我们不知道量子规则从何而来，我们所知道的是，与近距离观察到的现实相符，它们背后的数学原理植根于不确定性。这需要从描述量子力学中粒子随时间演化的薛定谔方程开始。例如，电子的位置是由空间上概率数学波函数的“振幅”给出的，这个概率数学波函数描述了电子所有可能的状态或位置。你可以将一系列数学规则应用到波函数中，来找出任何特定的测量将电子精确定位到某个特定位置的概率。

但这并不能保证电子在任何时候都处于那个位置。但是通过重复做同样的测量，每次重新设置系统，结果的分布将与薛定谔方程预测相匹配。经典世界中重复的、可预测的模式最终是许多不可预测过程的结果。

这个结果很有趣。假设你想穿过一堵墙，那么在量子理论中，数学告诉我们这是可能的。你的每一个原子与墙相互作用时，它都有可能出现在墙的另一边。可此类事件的概率非常低，而且你所有的原子同时到达墙另一边的概率是无穷小。因此所有可能性加到一起就是你会严重受伤。现在，欢迎你回到现实中来。

哪个概率是正确的？

量子随机性带来了其他难题。一个客观的、普遍的看法是世界可以通过适当的测量来掌控，这可能是现代科学最基本的假设。它在宏观肉眼可见的经典世界里运行得很好，比如踢足球，不论谁在看或如何看，牛顿运动定律都可以告诉你球会运动到哪里。

然而，踢一个量子粒子，比如电子或夸克等，这种确定性就消失了。在最好的情况下，量子理论允许你从许多描述粒子状态的多重波函数中计算一个结果的概率。但另一个观察者在一个相同的粒子上进行相同的测量可能会得出完全不同的结果。你没有办法确定会发生什么事。

所以这里有一个问题：当没有人观测的时候，量子物体处于何种状态？最被广泛接受的答案来自哥本哈根诠释。哥本哈根诠释是以尼尔斯·波尔为中心的一群早期量子理论家家乡的名字命名的。众所周知的薛定谔猫，是奥地利物理学家埃尔温·薛定谔于 1935 年在一次思想实验中设计出来，用以举例阐述结论的。这只不幸的猫咪被关在一个盒子里，盒子里装着一小瓶致命气体，这些气体可能由随机量子事件（如放射性衰变）释放出来，也可能没有。只有当观察者打开盒子时，这只猫的波函数才会从多种可能的状态“崩塌”为单一的一种实际状态。

这揭开了一个物理学和哲学上的棘手难题。爱因斯坦尖锐地问道，对猫的观察是否足以使一个波函数崩塌。如果不是，那么人类意识有什么特别之处呢？如果我们的观测确实影响现实，这也就打开了一扇“超距作用”的门，爱因斯坦轻蔑的措辞描述了对一个波函数的观测是如何使一个粒子看似崩塌到宇宙另一边的。

原子和粒子是如何明显地表现出分裂个性的，这是一个谜，但像猫这样的宏观物体显然做不到，尽管它们是由同样的原子和粒子组成的。薛定谔引入他的猫的目的是强调量子世界和经典世界之间的这种令人费解的区别。这种分裂不仅存在，而且“看着不靠谱”，正如量子理论家约翰·贝尔所描述的那样：物理学家设法将越来越大的物体置于模糊的量子态，我们并没有固定的方式来定义（量子的）边界在哪里。

哥本哈根诠释简单地忽略了这些量子的神秘性，认为我们应该接受数学是有效的并且已经完成了相关工作的想法。1989 年，康奈尔大学的物理学家戴维·梅尔敏将其称为“闭嘴并计算”方法——一个一直在批评者中流传的名字。

这里还有一些其他的物理解释。其中一个突出的解释是“多世界解释”，它认为，每次观察时，宇宙都会分成不同的路径。但似乎没有人能破解这个中心谜团。

包括梅尔敏在内的一些物理学家，最近开始支持的一种可能性是，秘密存在于数学中——实际上，它存在于似乎控制量子世界的波函数概率的解释中。这一观点被称为量子贝叶斯主义，是根据概率论的两大主要思想之一贝叶斯概率（见第 6 章）提出的。常规上，量子概率被视为频率概率，就像你抛硬币时正面或反面落下的次数加起来，得出概率是 50/50 的结论一样，它是对量子系统测量结果多种状态出现的相对频率。

一方面，尽管存在局限性，尤其是在处理单个孤立事件时，频率概率在整个科学界仍然很流行，因为它可以将观察者变成完全客观的计数器。另一方面，贝叶斯概率使你可以获取一条新信息，并对某些事件发生的可能性作补充评估（见图 9.1）。

量子贝叶斯主义的中心论点是，这种更为主观的概率类型适用于量子世界。例如，测量一个暗藏的电子的位置，你将获得新知识，并相应地更新你对

标准量子图

1 2

量子世界中的物体以状态的模糊组合存在。测量行为迫使它们采用特定状态（状态 1 或状态 2）。

量子贝叶斯理论

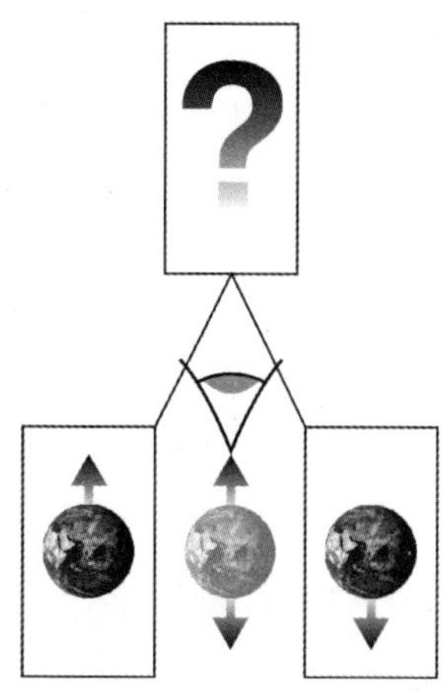

量子态存在于我们的头脑中——它们只是我们用来理解世界的各种不同体验的灵活的工具。

图 9.1 量子贝叶斯理论是对量子世界标准描述的替代。它使用贝叶斯统计来说明其明显的不确定性存在于我们的头脑中

概率的评估，从不确定到确定。在量子层面上，没有什么需要改变的。量子态、波函数和其他量子力学的概率机制并不能代表真实世界的客观事实。相反，它们是我们在执行测量之前用来组织不确定性的主观工具。换句话说，量子的古怪全在于人的头脑。

对梅尔敏来说，这个想法的美妙之处在于困扰量子力学的悖论完全消失了。测量不会“导致”事情在现实世界中发生，不管它是什么，它们让事情在我们的头脑中发生。超距作用也是一种幻觉，自发变化的出现仅仅是双方独立执行测量以更新其知识状态的结果。

对比这种变化无常的分裂，测量行为在“经典”世界是连续的，因为在

这里我们用自己的眼睛看东西。而在微观的“量子”世界里，我们需要使用合适的设备进行明确的测量以获取信息。在这种情况下，为了预测结果，我们需要一种理论，该理论应考虑到所有的情况，包括我们不在观测时的情况。对于量子贝叶斯理论，量子 / 经典的边界是现实世界中发生的事情与你对它的主观体验之间的划分。

但这真的能解开谜团吗？量子贝叶斯理论的批评者说，它只是我们通过感官输入并在头脑中构建的，是基于没有直接对事物进行体验的观点。想象一下，设置一些设备来测量一个粒子的能量，然后出去喝杯茶。在茶歇期间，设备表盘上的指针没有确定的方向吗？一个量子贝叶斯主义者可能会说，也许确实没有，可又说不清楚。尽管经验告诉我们，宏观的物体（比如指针）总是有一个确定的方向。

许多物理学家对此结果并不满意。法国艾克斯 · 马赛大学的卡洛 · 罗维利说，他希望对量子理论的解释是有意义的，即使没有人可以观察到任何东西。奥地利维也纳大学的卡斯拉夫·布鲁克纳发现了量子贝叶斯理论的一个局限性，即它似乎缺乏对量子理论具有数学和概念结构的解释。但是，就算你解释了这种特殊的数学构造，仍然无法解释它为何在描述和预测粒子实验的结果方面起作用。

数学能揭示万物理论吗?

20 世纪物理学的两大突破很大程度上归功于数学。尽管它告诉我们自然本质上是模糊的，但量子理论的数学原理还解释了原子在发射和吸收光或连接在一起以形成分子时如何以精确、可预测的方式行动。它为新发现指明了方向，最著名的是指引英国理论家保罗·狄拉克提出了一个方程式，在1932年发现第一个反物质之前的几年，该方程式已给出了反物质的理念。

第二个重大突破是爱因斯坦的广义相对论。早在200多年前，艾萨克·牛顿就已经证明，使苹果掉落的力与使行星沿轨道运行的引力一样。牛顿的数学足以将火箭送入太空，操纵探测器环绕行星，但爱因斯坦超越了牛顿。他的广义相对论可以应付极高的速度和强大的引力，为引力的本质提供了更深刻的见解。

爱因斯坦不是一流的数学家，但他却是幸运的，因为他构造广义相对论所需要的几何概念早在一个世纪前就已经被德国数学家伯恩哈德·黎曼发展出来了（见第7章）。那时，年轻的量子理论家们也能够运用现成的数学。今天的物理学家就没那么幸运了。

今天，基础物理学中最大的挑战是将广义相对论和量子力学融合成一个统一的“万物理论”。最受欢迎的但绝不是唯一的方法是弦理论，它的核心思想是组成原子的粒子都是由微小的环或弦组成的，这些环或弦在10维或11维的空间中振动。

如果弦理论是正确的，它将证明爱因斯坦和其他人关于世界本质上是一个几何结构的观点是正确的。但它涉及极其复杂的数学，不仅无法在书架上找到，而且迄今为止还远不能提供令人信服的答案。关于弦理论是否正确、是否能进行实验，甚至它是否属于物理学的争论都很激烈。

如果我们未能取得进展，那可能是因为，尽管存在一个“真正的”基本理论，但人类的大脑很难掌握它。鱼仅能意识到它所生活和游泳的介质，可以肯定的是，它们不能理解水是由相互连接的氢原子和氧原子组成的。空间和时间构成了我们生活的介质，同样，它们的微观结构也可能过于复杂，超出了我们的数学能力。

如果正如物理学中许多思路所暗示的那样，我们的宇宙只是多元宇宙中的一个，那么数学的其他分支可能就会是相关的。我们需要一种严谨的语言来描述一个宇宙可能拥有的状态数，并比较不同结构的概率，还需要对无穷大有更明晰的概念（见第 3 章）。

如果我们能够理解它，那么统一理论将是一个智力上的胜利。然而，把它称为“万物理论”是有误导性的。弦理论把非常大的和非常小的统一了起来，但还有第三个前沿——非常复杂的。

简单的基本规则也可能支配一些看似复杂的现象。这是由数学家约翰·康威于 1970 年提出的，他发明了“生活游戏”。康威希望设计一款以简单模式开头的游戏，并使用基本规则一次又一次地发展它。他开始在围棋盘上尝试移动黑白棋子，并发现通过调整游戏的简单规则（确定棋子何时从黑色变成白色，何时从白色变为黑色以及开始的模式），有些时候会产生难以置信的结果，这些复杂的结果看似没有源头可寻。一些看起来具有自己生命的模式出现了，它们似乎在棋盘上运动起来了。

现实世界是相似的：简单的规则会带来复杂的结果。探索这些结果不是为了探寻更好的理论和更复杂的数学，而是为了更好地利用已经拥有的数学。

虽然康威只需要一支笔和一张纸就能设计出他的游戏，但要充分探索游戏内在的复杂性，却需要一台电脑。增强计算能力和机器学习的能力意味着我们的电脑以现有的数学逻辑可能有能力解决迄今为止无法解决的问题：也许是高温超导体，或是基因的组合如何编码细胞的复杂化学。即便如此，它们所能告诉我们的信息可能仍是有限的。

计算的极限

如果我们能从数学上模拟宇宙中所有物质的细微运动，我们也许可以预测它的演化和命运。但是只有一个问题：以目前的计算能力，它将需要用比宇宙所能提供的时间还要多的时间才行。从不可靠的天气预报到劣质的物流，一切的实际限制我们都可以归咎于计算能力的不足。正如我们在第 7 章和第 8 章中已经看到的，当涉及几千个目的地时，像优化旅程这样的问题很快就变得难以计算。

但是，归根结底，指责计算机只是一块遮羞布，因为它有巨大的局限性。不管我们使它们变得多么强大，计算机最终还是要依靠人类的输入来为它们编写程序——而人类的思维是一团糟的。像“这句话是假的”这样的语句，或者像恨某人但又爱他的行为，都是不知该如何处理的。纽约城市大学的信息科学家诺桑·亚诺夫斯基说：“语言是思想的表达，但我的思想和语言充满了矛盾。”

逻辑以及建立在逻辑基础上的数学，被认为是我们的出路：一种更干净、中立的语言，让训练有素的大脑用抽象的术语来描述它无法想象的东西。这一切都很好，但数学本身也存在逻辑上的局限性，比如永远不要把一个数字除以 0（见第 2 章）。如果数学是一个完美的宇宙的语言，我们不应允许由于采取这样的步骤而导致逻辑上的不一致——所以我们不允许这样操作。亚诺夫斯基说：“如果你想让数学在没有矛盾的情况下继续下去，那么你就必须以某种方式限制自己。”

正如库尔特·哥德尔在 20 世纪 30 年代提出的不完全性定理（见第 3 章）所表明的那样，任何包含算术规则的逻辑系统必然包含既不能被证明也不能被证伪的命题。哥德尔的不完全性是逻辑上不合逻辑的陈述“此陈述为假”的数学表达式。事实上，任何事物，无论是简单的句子、逻辑体系，还是一个人，都无法表达自身的全部事实。

这种自我参照的问题是普遍存在的。与哥德尔同时代的艾伦·图灵证明，你不能事先问一个计算机程序是否能成功运行。量子力学产生了悖论，因为我们是我们试图测量的宇宙的一部分。不管数学是发明出来的还是被发现的，不管它就在那里或者只是一个用来解释世界的工具，一个令人沮丧却又振奋的结论是，我们永远也不可能完全掌握它，因为是我们在研究它。

10

结论

在我们即将结束数学世界的穿越之旅时，数学家伊恩·斯图尔特总结了这一切意味着什么，以及我们的数学航行可能会在哪里结束。

什么使数学变得特别？

古希腊哲学家柏拉图认为数学概念实际上存在于一种奇怪的理想现实中，就在宇宙边缘。圆不仅仅是一个概念，它更是一个完美的理想。我们作为不完美的生物可能向往这一理想，但却永远无法实现，我们画不出来仅仅是因为铅笔尖太粗。但也有人说数学只存在于观察者的头脑中。它不独立于人类思想存在，就像语言、音乐或足球规则不独立于人类思想而存在一样。

那么谁是对的？柏拉图主义的观点试图将我们的日常世界看成是一个更加完美、有序、数学上精确的投影，这有很多吸引人的地方。数学图形遍布世界各地，并且人们对它们具有普遍的认知。许多不同的外观使用相同的图形名称。雨滴和行星都是球形的；彩虹和池塘水面涟漪都是圆形的；蜜蜂使用蜂窝状图案来储存蜂蜜，但蜂窝状图案也可以在领海鱼类的地理分布、巨人堤道的冰冻岩浆以及浅水湖中对流产生的岩堆中找到；螺旋形可以在从浴缸中流出的水和仙女座星系中看到。

相同的数学图形无处不在，难怪物理学家会为此着迷并宣布它们是空间、时间和物质的基础。物理学家尤金·维格纳称其为数学的“不合理的有效性”。在距他很久之前，柏拉图就说“上帝永远将一切几何化”。物理学家詹姆斯·琼斯宣布上帝是数学家。保罗·狄拉克认为他（上帝）是一位理论数学家。当今物理学中普遍存在着一种思想认为，现实是由信息构成的，而信息是数学的原材料。

这些充满力量、令人兴奋的想法，对数学家极具吸引力。但是，同样可以想象，所有这些看似基本的数学都只存在于观察者的眼中，或者更准确地说，是在观察者的头脑中。我们通过我们的感官来体验宇宙，并通过我们的思想来解释观测到的结果。那么，我们在多大程度上是从自身的心理出发选择特定类型的经验并认为它们很重要，而不是去挑选那些在宇宙运作中真正重要的东西呢?

我认为答案是两者兼而有之。当我们试图将一个难以捉摸的想法形式化或找到一种新方法时，感觉就像是发明：我们在挣扎，尝试各种想法，而我们根本不知道它会把我们引向何方。可一个数学领域建立得越牢固，我们就能越强烈地感觉到，我们似乎只是在探索某种固定的逻辑图景。一旦我们以公理的形式做出了一些假设，那么接下来的一切都是预先确定的。

但是，如果数学仅仅停留在数学家的头脑中，那为什么会如此“不合理的准确”呢？一个简单的答案是，大多数数学都是从现实世界开始的。例如，在无数次的观察中，看到两只羊加两只羊组成了四只羊，牛、狼、疣猪和女巫也是类似的。从普遍的抽象意义上引入 2+2=4 的想法只是一小步。由于抽象来自现实，因此将其应用于现实也就不足为奇了。

不过，这种想法过于简单。数学有一个逻辑推理的内部结构，这使得它可以以意想不到的方式发展。每当有人试图填补逻辑图景中明显的空白时，新的想法也可以在内部产生。例如，解决了二次方程式（涉及平方量的二次方程式在各种实际情况下都会出现）之后，很显然，你也许希望去尝试求解三次方程、四次方程和五次方程。在你提到“埃瓦里斯特·伽罗瓦”之前，你正在做的是伽罗瓦理论，这表明你无法求解五次方程，但这对于任何实际的东西几乎都没有用处。然后有人对伽罗瓦理论进行了推广，使其适用于微分方程，突然之间，你在一个完全不同的领域再次找到了理论的应用。

是的，问题和概念从现实世界流向数学，解决方案从数学回流向现实。维格纳的观点是，数学回流的解决方案可能无法解决你最初的问题。为什么会这样呢？因为数学是一门不依赖于解释而描画出最基本结论的艺术。无论你是在讨论羊、牛还是女巫，2 加 2 必须等于 4。换句话说，相同的抽象结构可以有多种解释。你可以从一种解释中获得想法，然后将结果传递给其他的东西。数学之所以强大是因为它是一种抽象的概念。

这一切都很好，但是为什么数学的抽象与现实相匹配呢？事实上，它们真的匹配吗？还是所有这一切都是幻想呢？与数学相反，科学需要用事实来检验：理论必须与观察相符。如果世界各地的科学家们聚在一起认定大象没有重量，如果没有被绳索拴住，它们就会升空，那么当一群大象从悬崖边跳下时，你选择站在悬崖下的决定注定将是愚蠢的。现实检验不可能是完美的，因为它是由那些不完美且带有偏见的人通过观察现实完成的，但是科学仍然必须经受非常严格的检验。

那么数学中的现实检验是什么？我们越深入研究宇宙的“基础”本质，它似乎就越数学化。没有数学就无法表达量子的世界（请参阅第 9 章）。当然，并非所有领域在结构上都是如此明显数学化的。尤其是生物界似乎没有遵守我们在物理学中发现的严格规则。“哈佛动物行为定律”——在严格控制的实验室条件下，动物爱怎么做就怎么做——比牛顿运动定律更为合适。

这里的问题可能是规模上的差异。量子物理学倾向于应用在如只有几个原子物质的简单排列上。而在生物学中，物质有规律的排列极为复杂：人类基因组中有数万亿个原子，而这只是复杂生物体一个细胞内一条 DNA（脱氧核糖核酸）链的数量。按照一个原子一个原子的方式来描述，每个人都将涉及非常大的数字。人类很可能充分遵从数学规则行事——但它的数学如此复杂，以至于人类数学家不可能写下来，更不用说理解它的含义了。此外，它的数学结构几乎是完全不可理解的，因为有太多的信息需要解释。

这是一个关于“起源”的旧的哲学问题，只不过是换了新的外观。起源现象似乎超越了它们的自身因素，就像意识产生于大脑一样。你的行为决定了所有发生在你身边的事情，这是由组成你的原子所遵循的数学规律引起的，但是你无法通过计算来检查它们，因为它们既杂乱又冗长。

你可能会争辩说，这使整个问题变得学术化了：在生物学中是否存在这种数学因素并不重要，因为即使存在，它也没有实际用途。但是，还有一种有吸引力的选择。即使是非常复杂的数学系统也倾向于在更高的描述层面上生成可识别的模式。假如，晶体的基本量子理论包含的原子与人类一样多，且也是人类大小晶体的话，就会出现同样棘手的问题。

晶体已展现出自己清晰的数学模式，例如规则的几何形式，尽管没有人能够利用量子力学从原子角度用逻辑推导出这一点，但是一系列的推理证明量子力学定律是符合的，它确实给出了晶体结构的规律性。

粗略地说，它是这样的：量子力学使原子按最小能量单位的结构排列，自然规律在时间和空间上的整体对称性导致这种结构高度对称。在这种情况下，它们形成了规则的原子晶格。

从这个角度来看，在对生物体的高级描述中出现数学图形证明了生物学在本质上也是数学的。花朵花瓣中斐波那契数的出现可能就是一个例子（请参阅第 5 章）。

但是，这样的模式真的能告诉我们数学是自然界中固有的吗？我们的思维当然倾向于寻找数学模式，无论它们是否真正有意义。这种倾向促生了牛顿万有引力定律和量子力学方程，也导致人们对占星术和大金字塔测量的痴迷。具有讽刺意味的是，数学告诉我们，在彩票选择过程中我们所看到的和所认为的形式都是幻觉（请参阅第 8 章）。

值得一提的是，我们的思想是如何发展出这种模式探寻倾向的。人类思维在现实世界中不断发展，它学会了发现模式，以帮助我们在现实世界中存活下来。如果这些思想所发现的模式没有与现实世界有真正的联系，那么它们将无法帮助其所有者生存下来，而我们最终将消亡。因此，我们头脑中的东西必须在一定程度上与真实世界的模式相对应。

同样，数学也是我们理解自然界某些特征的方式。它建立在人类思想之上，同我们一样是自然界的一部分，由同样的物质构成，和宇宙的其他部分一样存在于同一类时空中。因此，我们脑海中所虚构的东西并不是随心所欲的发明。宇宙中肯定有一些数学的东西，最明显的就是数学家的思想。数学思维不能在非数学宇宙中发展。

但这并不是说只有一种数学是可能的：宇宙万物的数学。这种观点似乎太狭隘了。外星人会想出和我们一样的数学吗？我不是光指细节。例如，阿佩洛贝茨・伽玛的六爪猫类生物无疑会使用 24 进制计数法，但是他们仍然同意 25 是一个完全平方数，即使他们将其写为 11。

不过，我想更多类型的数学可能是由天鹅座 5 号等离子涡旋中的巫师开发出来的，对于他们来说，一切都在不断变化中。我打赌他们会比我们更了解等离子体动力学，尽管我猜我们不会知道他们是如何做到的。但是我怀疑他们是否有像毕达哥拉斯定理那样的东西。等离子体中几乎没有直角。事实上，我不相信他们会使用“三角形”这个概念。当他们画出直角三角形的第三个顶点时，其他两个顶点早已消失，飘荡在等离子风中。因此，这也许是造成数学不合理有效性的真正原因：它并不存在于某些柏拉图式领域中，而是我们发明或发现了符合我们现实的数学。

49 个想法

本节为如何更深入地探索数学世界提供了 7^2 个额外的想法。

7 个数学圣地

1. **位于纽约第五大道和麦迪逊大道之间的东 26 街的国家数学博物馆**，被认为是北美唯一一家数学博物馆。它的展品包括一辆方形轮的三轮车，可以在特别设计的表面上平稳地运动。

2. **伦敦科学博物馆的温顿画廊**，于 2016 年对公众开放，专门展出数学作品。它的螺旋形顶棚，由明星建筑师扎哈・哈迪德设计，代表着空气流动方程。

3. **哥尼斯堡的七座桥**。现今仅剩一座依然屹立不倒——所在城市的大部分地区在第二次世界大战期间被摧毁。该城市夹在立陶宛和波兰波罗的海之间，现由俄罗斯加里宁格勒州管辖。莱昂哈德・欧拉证明，如果不走回头路，你无法一次跨越所有七座桥，这被广泛认为是图论学科的奠基之作。有消息说，目前的桥梁构造使其成为可能：也许值得到波罗的海漫步去追寻答案。

4. **意大利西西里岛的锡拉库扎古城**，世界遗产，值得一游。对数学爱好者来说，这正是阿基米德流传甚广的“我发现了！”时刻的现场。他在浴缸中意识到了关于排水法的数学定律。同样未经证实的是阿基米德遇难的故事，当时刚刚抢劫了锡拉库扎古城的一名罗马士兵违背将军的命令离开部队，遇到在沙地上画图的阿基米德，然后刺死了他。

5. **位于都柏林北部郊区皇家运河上的金雀花桥上有一块匾**，上面刻有四元数关系式，以纪念数学家威廉・罗恩・汉密尔顿在此地受到启发并创造四元数。

6. **西班牙格拉纳达的阿尔罕布拉宫的地面铺砖显示出复杂的周期性模式**——实际上，它们包含 17 种周期对称中的 13 种示例。对于不那么喜欢规律的粉丝，英国牛津数学学院安德鲁・怀尔斯大楼外的露台铺有非周期性的彭罗斯瓷砖。

7. **德国哥廷根大学是现代数学发展中最重要的地方**。今天在那里不再有特别有趣的数学发现，但是在 19 世纪和 20 世纪初，该大学是一大批做出开创性贡献的数学家的乐园，其中包括卡尔·弗里德里希·高斯、大卫·希尔伯特、艾米·诺特和伯恩哈德·黎曼。

7个古怪的整数

1. 1

1与0不同，它是一个无可争议的数字，但是1具有与众不同的特性。就像“加法恒等元”0——将0加到任何东西上都不会发生改变——1是“乘法恒等元”。任何数字乘以1都不会发生改变，包括1本身。因此，1是唯一等于自己平方、立方的数字。它也是唯一一个既不是质数（只能被1整除，因此不符合质数的定义），也不可以通过将两个较小的自然数相乘而产生的“合”数的自然数。

2. 6

欧几里得在数学入门书《几何原本》中创造了“完全数”一词。完全数是指一个数字是它所有约数之和。因此6=1+2+3是第一个例子，接下来是28、496和8128。

3. 70

这个数字的怪异不言而喻：这是最小的“奇异数”。奇异数有两种性质。首先，它是一个“大量”或“过剩”的数字，表示它的所有约数之和（包括1但不包括其自身）大于自身：对于70而言，它的约数之和为1+2+5+7+10+14+35=74。但是奇异数也不是“半完全”的，也就是说，它自身的部分约数之和也不是该数字。这是一种少见的组合——在70之后，接下来的示例是836和4030。

4. 1729

如果不是数学家哈代讲述他的朋友及门生斯里尼瓦瑟·拉马努金的逸事来说明后者独特的才华，这个数字就只会被视为一个不起眼的数字。哈代写道："我记得在普特尼，有一次拉马努金生病了，我去看他。我坐了 1729 号出租车。这个数字在我看来是一个沉闷的数字，我希望它不是一个不吉利的预兆。'不，'拉马努金回答说，'这是一个非常有趣的数字，它是可以用两种不同的方式表示为两个立方数之和的最小数字。'" 那两种方式是 1^3+12^3 和 9^3+10^3，此后，1729 被称为哈代–拉马努金数。

5. 3435

这是一个明希豪森（Münchhausen）数字，目前已知的两个中的一个。它以德国贵族冯·明希豪森的名字命名，明希豪森由于擅长编故事而出名。3435 会"自升"——它是每一位数字的相应次方之和。即：$3^3+4^4+3^3+5^5=27+256+27+3125=3435$。当然，另一个明希豪森数是 1。

6. 6174

任意选取包含至少两个不同数字的四位数。将各位数字分别按升序和降序排列得到两个四位数，用大数减去小数后得到的新数字重复上一步（0 视为正常数字），直到减法的结果为 6174。正如印度数学家卡普耶卡在 1955 年所指出的，这种操作不会超过七步。

7. 葛立恒数

20 世纪 70 年代，数学家葛立恒致力于高维立方体相关问题的研究。当他最终找到答案时，他发现答案涉及一个数字，这个数字不是无穷大，但却大到无法书写下来——因为宇宙中没有足够的空间来存放它。尽管我们确实知道它的最后一位是 7，但我们无法在此处写出它。

7个（看似）悖论

1. 海岸线悖论

英国的海岸线有多长？这就是数学家本华・曼德博在1969年发表的副标题为“统计自相似性与分数维数”的论文中提出的问题。在其中，他探讨了一个明显的悖论。像大不列颠这样的岛屿，有很多的海湾，有很多的曲线，有各种各样复杂的尺度，其海岸线的长度，取决于你用来测量它的东西的长度。标尺越短，考虑的细节越多，测量得到的海岸线的长度就会越长。但是显然它有固定的长度，不是吗？

对于曼德博来说，将类似于海岸线这样，在不同尺度上具有相似复杂度的形状，当作一条只考虑其长度的一维直线来处理是没有意义的。另一方面，海岸线显然也不是二维的形状。它介于两者之间——具有分数维数的反直觉特性。1975年，曼德博提出用一个词来描述这种模式，他开启了一条数学发现的全新道路——“分形”。

2. 芝诺悖论

运动是不可能的，改变是不会发生的。这是对公元前5世纪古希腊哲学家芝诺提出的一系列悖论的理解。最著名的是阿喀琉斯和乌龟。在比赛中，阿喀琉斯让乌龟先跑，比如100米。经过一段时间后，阿喀琉斯跑了100米，乌龟移动了10米，所以乌龟仍然领先。但是当阿喀琉斯花时间移动了额外的10米时，乌龟又往前移动了。实际上，你可以证明，尽管阿喀琉斯会非常接近乌龟，但他绝不会真正超过乌龟。

直到19世纪末期，通过应用一系列巧妙的演算并充分理解该问题所代表的无穷级数，我们才获得了与经验相符，针对此悖论的严谨数学解决方案：是的，阿喀琉斯能超过乌龟。

3. 沙堆悖论

沙堆悖论也称为连锁悖论，它突显了精确的、逻辑定义的术语对数学结论的重要性。你有一堆沙粒，将它们一粒粒地清除，去除任何一粒沙粒都不会使沙堆变成非沙堆。但一粒沙子不是一个沙堆，因此，如果你继续清除沙粒，它何时会从沙堆变成非沙堆呢？这听起来很琐碎，但解决方案往往需要设置沙堆大小的数字边界，否定沙堆可以一开始就存在，或者引入新的三值逻辑，允许沙堆、非沙堆和两者都不是的三种状态。

4. 电梯悖论

宇宙学家乔治·伽莫夫在大楼的二层有一间办公室，而他的同事马文·斯特恩在靠近顶层的六层。两人观察到一个奇怪的事实：尽管（除非电梯不间断地从大楼中间的某个地方上下）建筑物每层楼都应该有多部电梯上下，但当电梯第一次到达伽莫夫所在楼层时，它几乎总是往下的，但电梯第一次到达斯特恩所在楼层时，它几乎总是向上升的。事实上，人们感觉也确实如此——但是，只有对电梯会在哪个楼层停留更长时间的复杂模型进行研究才能解释为什么会如此。

5. 友谊悖论

平均而言，大多数人比他们的朋友拥有更少的朋友。这看起来是矛盾的，但它是事实，并且与我们社交圈的网络结构有关。简而言之，拥有大量朋友的人更有可能也在你自己的一群朋友中，从而使平均值出现偏差。类似的效果意味着，平均而言，大多数人的伴侣都有更多的异性伙伴。

6. 辛普森悖论

1973 年，对加州大学伯克利分校研究生院录取情况的分析表明，申请的男性比女性更容易被录取。但是，当研究人员按各个院系将其分解并进行分析时，他们会发现有更多院系的录取比例女性占优。这是辛普森悖论的一个著名例子，当这些数据组合在一起时，在不同数据组中看到的趋势消失了。例如，当研究人员确定药品对整个人群的效果时，将数据组合处理成为许多医学试验的祸根。在加州大学伯克利分校的案例中，事实证明，这种现象是因为有更多女性申请入学率较低、竞争激烈的院系造成的，而不是由性别偏见造成的。

7. 加百利号角悖论

通过绘制特定数学函数的图像（对于 $x>1$ 的区域，$f(x)=1/x$）并绕 x 轴在三维空间中旋转，可以得到一个图形，尽管它具有无限的表面积，但具有有限的体积。这种图形被称为加百利号角或托里拆利小号，它的最终形状实际上令人费解：例如，它只能装下有限的涂料，但需要无限的涂料来覆盖其表面。

7 位伟大的数学家

1. **穆罕默德·本·穆萨·阿尔·花剌子模**（约 780—约 850，英文名为：Al-Khwarizmi）是一位波斯数学家，其著作一经翻译成拉丁语，就改变了西方数学，除此之外，他还将十进制引入西方。“代数”（algebra）一词源自拉丁文 al-jabr，他曾用它来求解二次方程，“算法”（algorithm）一词来源于他的拉丁文名字 Algoritmi。

2. **吉罗拉莫·卡尔达诺**（1501—1576）是一位博学的数学家，他是第一个使用虚数的人。他也是一个嗜赌成性的赌徒——这一特点导致他撰写了第一篇系统研究概率的论文。

3. **卡尔·弗里德里希·高斯**（1777—1855）是历史上最有影响力的数学家之一，他在数论及统计等领域都做出了巨大的贡献。他是一个执着的完美主义者，他的许多成果都没有在他有生之年发表。今天，他最著名的也许是统计中的高斯分布（也被称为正态分布），它预测了随机量——如所有数学家的身高——如何围绕平均值来分布。

4. **埃瓦里斯特·伽罗瓦**（1811—1832）创立了抽象代数的几个分支，并为群论奠定了基础。他是法国革命思想的激进拥护者，在 20 岁时神秘地死于一场决斗。

5. **艾米·诺特**（1882—1935）被阿尔伯特·爱因斯坦描述为“自从女性接受高等教育以来，迄今为止产生的最具创造力的数学天才”。其他人则认为这句话的后半部分才是必要的。以她名字命名的定理（即数学对称性对应于物理守恒量），为基础物理学的发现提供了路线图。但由于她是一名女性而被剥夺了在哥廷根大学担任正式教授职位的资格。作为一名犹太人，她在美国流亡的过程中去世，是纳粹种族主义的受害者。

6. **约翰·冯·诺依曼**（1903—1957）通常被称为数学全才中的最后一位。他在博弈论、现代计算机、量子理论及核弹的发展上都做出了卓越贡献。他还以过目不忘的能力而闻名，他时而通过背诵电话簿中几页内容和诸如《双城记》之类的文学作品来为朋友带来快乐。

7. **保罗·埃尔德什**（1913—1996），匈牙利数学家，被称为“怪人中的怪人”。他过着从会议到会议的巡回生活，不关心金钱，并在同事的家中宣布“我的大脑是开放的”。他独特的写作风格使得他成为 1500 多篇论文的共同作者，并被以其名字命名了埃尔德什数。此数被用来衡量数学家在该领域的地位。如果你的埃尔德什数为零，那么你就是埃尔德什本人；如果你的数是 1，那么表明你已经与他合作了；如果你的数为 2，那么表明你已经与他的合作者进行了合作，依此类推。

7 个数学笑话与 7 种数学解释

1. 小鸡为什么能走遍莫比乌斯环?

到达的是同一个面。

(莫比乌斯环是只有一个面的拓扑图形)

2. 两名统计学家去打猎。第一位向鸟开了一枪，但高了 30 厘米。第二位向鸟开了一枪，但低了 30 厘米。他们击掌祝贺说 :“我们成功了!”

(这是平均定律……)

3. 数学家为什么喜欢森林?

因为是所有自然的原木。

[自然原木(对数)是以欧拉数 e 为基底。]

4. A :“1/ 小屋(cabin)的积分是什么?”

B :“原木小屋(Log cabin)。”

A :“不，应该是游艇——你忘记了常数(C)(此处常数 C 音同于 sea，指海洋)。”

[微积分中对函数 1/x 进行积分操作可以得到 x 的(自然)对数，但要记得添加一个“积分常数”C。]

5. 物理学家、生物学家和数学家坐在房子对面的长凳上。他们看着两个人走进房子，然后不久，三个人走了出来。物理学家说:“最初的测量是不正确的。”

生物学家说:“他们一定进行了繁殖。”数学家说:“现在,如果有一个人进入房子,那么这个房子里的人数将变为 0。”

(只有数学家才会真正使用负数。)

6. 无穷多个数学家走进酒吧。第一位说:“我要喝一杯啤酒。”第二位说:“我要喝半杯啤酒。”第三位说:“我要喝四分之一杯啤酒。”男服务员只倒了两杯啤酒。数学家们问:“难道这就是你给我们的所有啤酒吗?”男服务员说:“伙计们,继续吧。我知道你们的极限。”

(你可以通过数学方法证明数列 $1/2^n$ 中无穷项的和极限为 2。)

7. 什么是北极熊?

经过坐标转换的笛卡尔熊。

(笛卡尔坐标与极坐标是两个可互相转换的坐标系。)

7 部数学电影

1.**《心灵捕手》(1997)**是一个虚构的故事，讲述了麻省理工学院的清洁工威尔的遭遇。他在数学方面有着过人的天赋，但他要想成功，必须先克服他的心魔。

2.**《π》(1998)**（国内电影名译为《圆周率》）是一部恐怖惊悚片，其主人公是一个数论学家，他发现了周围所有事物的数学模式，结局令人吃惊。

3.**《美丽心灵》(2001)**生动地描述了约翰·纳什（1928—2015）的生活，约翰·纳什尽管饱受偏执型精神分裂症的折磨，但还是获得了阿贝尔奖和诺贝尔经济学奖，他是美国数学家和博弈论的先驱。

4.**《证据》(2005)**是一个虚构的故事，改编自普利策获奖作品。它围绕着在已故数学家笔记中发现的证明的所有权展开。剑桥数学家和菲尔兹奖得主蒂莫西·高尔斯担任顾问。

5.**《旅行商》(2012)**是一部基于四位数学家的智力惊悚片，他们发现了著名的“P=NP？”计算复杂性问题的解决方案（请参阅第7章）及由此引起的道德后果。

6.**《模仿游戏》(2014)**是一部传记电影，围绕艾伦·图灵和其他数学家在第二次世界大战期间破译纳粹的密码而展开。

7.**《知者无涯》(2015)**讲述了印度数学天才斯里尼瓦瑟·拉马努金（1887—1920）的真实故事，以及他与英国数学家G.H.哈代的出色合作。

进一步阅读的 7 个建议

1. **牛津大学出版社出版的《牛津通识读本》**（*The Very Short Introductions*）系列是由专家为普通读者编写的小册子。它包括代数、数字、无穷、概率、统计和逻辑等方面的数学专题。

2. **物理学家尤金·维格纳**于 1960 年发表了一篇开创性的论文，即《数学在自然科学中不合理的有效性》（*The unreasonable effectiveness of mathematics in the natural sciences*）。见 http://www.maths.ed.ac.uk/~aar/papers/wigner.pdf。

3. **卡尔·林德霍尔姆（1971）**所著的《数学很难》（*Mathematics Made Difficult*）一书是写给欣赏数学反常一面的人的。它由命题的结论很显然、求证过程很复杂的证明组成。

4. **“π 的十万位数”**。如果要查 π 的各位数字，则网站 http://www.geom.uiuc.edu/~huberty/math5337/groupe/digits.html 列出了前十万个。

5. **“最大已知素数——汇总”**详细介绍了已知的最大素数。网址 http://primes.utm.edu/largest.html。

6. **数学世界**（Wolfram MathWorld）是一个内容丰富的在线数学资源网站，提供了一系列数学概念的定义和背景，网址 http://mathworld.wolfram.com/。

7. **新科学家网站**上有大量文章，并且会定期对所有数学和科学主题进行更新。网址 www.newscientist.com。

名词表

复数

包括实部和虚部的数。

虚数

一个实数乘以虚单位 i 所得到的数，虚单位 i 是 −1 的平方根。

整数

自然数加上负整数 –1，–2，–3，–4，–5，……，自然数集合和整数集合都是无穷大的。

无理数

不能表示为两个整数的比例形式的数字,无论两个整数有多大。无理数(例如 π 、欧拉数 e 和 2 的平方根) 永远无法用整数完整写出：它们小数点之后的数字有无限多个，并且不循环。

自然数

可用来计数的数字 1，2，3，4，5，……，通常也包括 0。

素数

大于 1 且只能被 1 及其自身整除的自然数组成的自然数子集。素数集是无穷可数集合。

有理数

可以表示为两个整数的比例形式的数字，例如 1/3，–3/14。

实数

整数加上其间的所有有理数和无理数，形成一条连续的数轴。实数集是连续无穷大的，它大于可数无穷大。

超越数

无理数的子集，无法通过任何数学运算（例如：乘以它自身或取幂次）将其变为整数。π 和 e 是最著名的例子。